修心三不
不抱怨　不生气　不失控

启　文◎编著

中国出版集团

中译出版社

图书在版编目（CIP）数据

修心三不：不抱怨 不生气 不失控 / 启文编著
. -- 北京：中译出版社，2019.12（2021.8 重印）
ISBN 978-7-5001-6175-2

Ⅰ . ①修… Ⅱ . ①启… Ⅲ . ①情绪－自我控制－通俗
读物 Ⅳ . ① B842.6-49

中国版本图书馆 CIP 数据核字 (2019) 第 291770 号

修心三不：不抱怨 不生气 不失控

出版发行：中译出版社
地　　址：北京市西城区车公庄大街甲 4 号物华大厦 6 层
电　　话：（010）68359376　68359303　68359101
邮　　编：100044
传　　真：（010）68357870
电子邮箱：book@ctph.com.cn
总 策 划：张高里
责任编辑：顾客强
封面设计：青蓝工作室
印　　刷：北京一鑫印务有限责任公司
经　　销：新华书店
规　　格：880 毫米 × 1230 毫米　1/32
印　　张：6
字　　数：110 千字
版　　次：2019 年 12 月第 1 版
印　　次：2021 年 8 月第 3 次

ISBN 978-7-5001-6175-2　　　定价：29.80 元

前　言

　　"一个人最大的对手就是自己"，这是每一个真正掌控自己的强者公认的一句话。战胜自己，并不是一件简单的事情！尤其在面对个人负面情绪发作的时候，绝大多数人都会在这一瞬间忽略掉自己最大的对手。虽然他们会在事后进行反省，但是却不得不承认，在负面情绪发作的那一瞬间自己是一个失败者。

　　说到情绪，我们每个人都逃不了干系。情绪的发展和变化是我们每一个人因人因时因地因事而产生的。情绪在制约人，也在成就人，还在损害人，不同的情绪有着不同的生活。积极的情绪能够让你这一天都神采焕发，身心保持愉悦健康，整个人充满了生机活力；消极的情绪则会使你心情灰暗，身心疲惫，甚至会导致身心疾病的发生。

　　毫无疑问，任何一个人要想真正成为能够掌控自己情绪的强者，都必须要战胜自身负面的情绪。每当负面情绪出现的时候，及时地进行疏导与掌控，将负面情绪转化为正面情绪。从而让自己在日常生活中掌控好自己的情绪，努力拥有积极情绪，使情绪获得应有的表达和展示。

　　本书从"不抱怨""不生气"以及"不失控"这三个方面进行论述，通过精彩生动的故事告诉每一个读者在日常生活中该如何正确掌控自己的情绪，及时发现负面情绪并进行疏导与利用，从而变成对自己有用的正面情绪，从而更加从容地掌握自己的命运，在人生的康庄大道上一帆风顺。

目 录

第一章
世界不会因为抱怨而改变

平庸的人总是抱怨自己不懂的东西。

　　　　　　——拉罗什富科（法国古典作家）

只有把抱怨环境的心情，化为上进的力量，才是成功的保证。

　　　　　　——罗曼·罗兰（法国思想家、文学家）

成功字典没有"抱怨"

在日常生活中，我们经常会碰到以下的场景：

"我的工作真是无聊透顶！"

"天天加班，都快累死了。"

"每天面对重复的工作，我简直要疯了！"

"我们的老板就喜欢拍马屁的人。"

几个同事凑在一起牢骚满腹，抱怨公司苛刻的规章制度，抱怨领导的魔鬼管理，抱怨干不完的工作，抱怨受不完的委屈……

当抱怨成了习惯，一个人的情绪就会变得非常糟糕，看什么都不顺眼，同事认为他难相处，上司认为他爱发牢骚，是个"刺儿头"。如此下去，升职、加薪的机会永远不会光顾他。

一个人成功与否，并非天生注定，也不是他人能操纵得了的。实际上，命运是由我们自己创造的，它就掌握在我们每个人的手中。工作中处处蕴含着机遇，只有那些心怀珍惜的人才能看得到。机会到处都有，关键是你能不能抓住。

许多人对那些有所成就的人羡慕不已："为什么好机会都让别人碰上了，我为什么就没有那样好的运气呢?"有的人还抱怨："要是我有这样的机会，我早功成名就了。"人一生尽管有很多的机遇，然而，真正能抓住机遇的人并不多。抓住时机的人成就了事业，而失去机会的人则哀叹自己的"时运不济"。

徐海伟和李亚菲是大学同学，从学校毕业后，俩人分别进了两家规模都不算太大的公司。由于各自的单位距离很远，直到毕业后的第五年，他们才再度相逢。见了面，两个人自然聊起了分别后的工作经历。

谈起自己的工作，徐海伟的语气有些失落："时运不济啊！本来单位就不景气，加上专业又不对口，干活儿也提不起一点儿兴趣，实在是没有什么意思。干了不到半年，我就换了一家，还是没多大意思。我现在的单位已经是第七家了。哦，老同学，你发展得如何呀？"

李亚菲淡淡地说："你也知道，我的单位也不是太大，说实话，一开始，我也不太喜欢这份工作。不过，我觉得，既然能找到这份工作，就要好好珍惜，力争把它干好。上班期间呢，就好好干好自己的活儿；下了班，就给自己充充电，补补业务知识。工作起来反而是越来越有劲了。半年后，由于我干得还不错，领导就把我提为部门主管了。现在，我们公司已经是一家大型集团公司了，我是我们集团分公司的经理。"

听了李亚菲的经历，徐海伟的心中有些惭愧，他现在明白了：原来，所有的问题并不是工作本身的问题，而是自己对待工作的态度上有问题。有的人工作态度浮漂，对工作好像蜻蜓点水，很少能专注于工作，因此，干什么工作都长久不了，也做不出多大的成就。

看看我们周围那些只知抱怨而不认真工作的人吧，他们从不懂得珍惜自己的工作机会。他们更不懂得，即使薪水微薄，也可以充分利用工作的机会提升自己的能力，加重自己被赏识的砝码。他们只是在日复一日的抱怨中徒增年岁，工作能力没有得到提高，也就没有被赏识的资本。更可悲的是，他们没有意识到竞争是残酷的，他们只知抱怨而不努力工作，已经被排在了即将被解雇者名单的前面。

有一天，佛陀坐在金莲座上，开示弟子们道：

"世间有四种马：第一种良马，主人为它配上马鞍，驾上辔头，它能够日行千里，快速如流星。尤其可贵的是当主人一抬起手中的鞭子，它一见到鞭影，便能够知道主人的心意，迅速缓慢，前进后退，都能够揣度得恰到好处，不差毫厘，这是能够明察秋毫、洞察先机的第一等良驹。

"第二种好马，当主人的鞭子打下来的时候，它看到鞭影不能马上警觉，但是等鞭子打到了马尾的毛端，它也能领受到主人的意思，奔跃飞腾，这是反应灵敏、矫健善走的好马。

"第三种庸马，不管主人几度扬起皮鞭，见到鞭影，它不但迟钝毫无反应，甚至皮鞭如寸点地挥打在皮毛上，它都无动于衷。等到主人动了怒气，鞭棍交加打在结实的肉躯上，它才能有所察觉，顺着主人的命令奔跑，这是后知后觉的平凡庸马。

"第四种驽马，主人扬起鞭子，它视若无睹；鞭棍抽打在皮肉上，它也毫无知觉；等主人盛怒了，双腿夹紧马鞍两侧的铁锥，霎时痛刺骨髓，皮肉溃烂，它才如梦初醒，放足狂奔，这是愚劣不知、冥顽不化的驽马。"

这个故事出自《别泽杂阿含经》。庸马和驽马是职场中许多平庸员工的生存写照。他们总是抱怨老板对他们太苛刻，工资太低，抱怨公司没有为他们提供更好的舞台，给他们以施展才华的机会。

职场中，数不清的庸马和驽马正在拼命地为自己的失败寻找借口，造成了职场人生的萎靡与默然。相比之下，"良马"式员工从不会寻找理由为自己的行为开脱，更不会去抱怨自己的处境与外在的人与事。他们任何时候都坚守着自己的信念，让自己朝着卓越奋进！

所以，做个不抱怨的人，成功将会离你越来越近。

抱怨只会让事情更糟糕

有些人似乎天生就爱抱怨，抱怨公司、抱怨老板、抱怨同事、抱怨工资、抱怨客户、抱怨压力、抱怨批评、抱怨薪水太低付出太多、抱怨考核制度不公平、抱怨管理混乱、抱怨领导独断专横、抱怨没有一个好老爸、抱怨没嫁个好老公、抱怨自己家的孩子没有别人家的聪明……好像世界上就只有他是最不幸最倒霉的人，没有什么是他不抱怨的，似乎不抱怨他就没法过日子。

可是抱怨有用吗？抱怨能解决问题吗？抱怨能使你摆脱现状吗？抱怨能使你的工作、学业、生意越来越好吗？抱怨能使你快乐起来吗？

什么都不能！抱怨不能解决任何问题，抱怨没有任何用处，抱怨只会让你自己越来越不快乐，只会让你的生活越来越不如意、你的意志越来越消沉、你的工作越来越差、你的生活越来越糟糕……

有一个三口之家，家里穷得什么都没有，儿子瘦得皮包骨，爸爸妈妈只好带着孩子来到街口乞讨。可过去了一整天都毫无收获，小男孩饿得快晕倒了。爸爸妈妈非常着急，虔诚地祈求上帝救救他们的儿子。

于是，上帝派遣使者来到人间。使者对三个人说："我可以帮助你们每人实现一个愿望。"这一家人听了将信将疑。先是孩子的妈妈迫不及待地对使者说："我要你为我们变出一车的面包，我要让我的儿子吃得饱饱的。"

刚说完，眼前就真的出现了一车子的面包。孩子的爸爸先是非常惊奇，转而又特别生气。不断抱怨妻子没头脑，浪费这么好的机会只换来一车廉价的面包。当使者问他有什么愿望时，他很愤怒地说："我不要这些廉价的面包，请你将这个笨女人变成一头蠢猪。"

刚说完，面包神奇地消失了，孩子的妈妈也真的变成了一头猪。这可把孩子吓坏了，他边看着眼前的"猪"伤心哭泣，边对使者说："求求您，我不要猪，我要妈妈。"

孩子的话音刚落，妈妈就真的变了回来。使者很无奈地说："我已经给了你们希望，但就因为抱怨，你们把机会全都浪费了。"说完使者不见了。一家三口又回到了使者出现前的状态，没有面包没有猪，孩子饿得直哭。

这是一个童话故事，这个故事告诉我们抱怨不仅不能解决问题，还会把机会白白浪费。一般人都认为"抱怨"只是一种发泄的方式，我们谁能够发誓自己从来没有抱怨过？但如果抱怨的内容不断地重复，那就说明是自己有问题，而且不肯面对问题，只是企图用抱怨来代替正视问题。

女孩小丹带着自己精心制作的作品到一家知名的广告公司面试。小丹抽的面试号是最后一个，等待的过程漫长而紧张，为缓解疲劳，小丹向广告公司的接待人员要了一杯温水。而接待人员在给小丹送水时不小心将杯子打翻了，水全都洒到了那张作品上。

作品变得皱皱巴巴，原本鲜明的线条也变得模糊了。小丹一下子愣住了。该怎么办，这可是面试时要用到的作品，没有作品她怎么向考官解释她的创意和构思呢？小丹知道现在抱怨接待人员没有用，埋怨自己的运气不好更没用。

稍微冷静了一下，她赶紧向接待人员借来了纸和笔。在有限的时间里，她专心地用一张白纸将自己创作的作品简单地再描画了一遍，用另一张白纸将原作品被淋湿的事情大概地叙述了一下。接下来发生的故事就是，小丹从众多的面试者中脱颖而出，被公司录用了。主考官后来跟她说："广告注重创意和变通，你的作品虽然简单但却体现了这点。"

小丹在一次同学会上谈起了这件事，她感慨道："与其抱怨，还不如暂时抛弃那些烦心的事，多想想怎样才能更好、更快地解决问题，这比光在那儿牢骚满腹强上千百倍。"是的，即便退一万步说，如果抱怨能解除自己心中那股怨气，那么适当地抱怨是可以的；但如果怨气出了仍无法解决问题，或无法移除心中那颗石头，那还真是不划算！

其实，更多时候，抱怨不但不能缓解所面临的窘境，反而使原有的烦恼加倍、长久地出现在抱怨者的脑海里。如果有谁主观上想抱怨，生活中的一切都可以成为其抱怨的对象；如果不愿抱怨，换一个角度想问题，就会发现，通过努力，就能改变现状，并获得成功和幸福的体验。因为事情总有两个方面，关键在于你怎么看了。

如果我们的情绪像一间屋子，那么，抱怨就像蟑螂和蚂蚁一样。如果你清扫的方式不对，它们就会出现在每一个你不想看到的地方。若你再不加以阻止，它们还会用一种近乎细菌繁殖的速度扩散。终有一天，你会觉得没看到几只蟑螂和蚂蚁，反倒有点怪怪的。

无论如何，抱怨只会带来负面效应。越抱怨，就会发现值得抱怨的事情越来越多。越多时间抱怨，越少时间改良。一肚子怨气的人，总是散发着一种天怒人怨的气质，会让你觉得跟他相处时，老是有一块黑压压的云遮住你心情的大好晴天；离开他，心情才会"艳阳高照"。

想想你已经拥有的一切

世间有许多东西我们都想拥有，但拥有了，却又不懂得珍惜，只能让它白白逝去。也只有失去了，才会懂得去珍惜，但一切都晚了。对于"拥有"这个词，我觉得我们拥有的东西中，最重要的还是亲人、健康、快乐。其他什么没了都不重要，重要的是你还有关心你的人，还有自己健康的身体与快乐。

智者不为自己没有的悲伤而活，却为自己拥有的欢喜而活。当一切逝去时，不要悲伤、忧虑，想想看，其实你已经拥有了许多。快乐、健康、自我，难道这些还不能让你满足吗？

1928 年，纽约股市崩盘，美国一家大公司的老板忧心忡忡地回到家里。

"你怎么了，亲爱的？"妻子笑容可掬地问道。

"完了！完了！我被法院宣告破产了，家里所有的财产明天就要被法院查封了。"他说完便伤心地低头饮泣。

妻子这时柔声问道："你的身体也被查封了吗？"

"没有！"他不解地抬起头来。

"那么，你的妻子也被查封了吗？"

"没有！"他拭去了眼角的泪，无助地望了妻子一眼。

"那孩子们呢？"

"他们还小，跟这档子事根本无关呀！"

"既然如此，那么怎么能说家里所有的财产都要被查封呢？你还有一个支持你的妻子以及一群有希望的孩子，而且你有丰富的经验，还拥有上天赐予的健康的身体和灵活的头脑。至于丢掉的财富，就当是过去白忙一场算了！以后还可以再赚回来的，不是吗?"

三年后，他的公司再次被《财富》杂志评选五大企业之一。这一切成就源自他妻子的几句话给他带来的启示。

在你感到沮丧的时候，请列出一张详细的生命资产表——

> 你有没有完好的双手双脚？有没有一个会思考的大脑和健康的身体？有没有亲人、朋友、伴侣、孩子？有没有某方面的知识和特长……

把注意力放在你所拥有的，而不是没有的或是失去的部分，你将会发现，原来自己已经够幸福了！

我们很少去想我们所拥有的，反而经常想到我们所没有的。除了那些我们尚未得到的之外，已经拥有的一切，统统变得微不足道，毫不重要了。就因为我们总是关注那些自己没有的，于是，我们变得很不快乐，心心念念地想着、盼着，完全忘记已经拥有的一切有多丰富。

直到有一天，我们失去了原本拥有而视为当然的那些东西之后，我们才恍然大悟，那有多么宝贵。譬如健康，譬如家庭，譬如平安，譬如自由……好好检视一下现在所拥有的，你会赫然发现，自己原来是这般的富有。

当我沮丧的时候，总喜欢想想这段话：我心里难过，因为我没有鞋子，后来我在街上走着，遇见一个没有脚的人。每当我心里为某些不如意而难过时，便想想那些比我们不幸的人，沮丧感立即会减轻许多。在人生许多时候，不管我们遭受何种痛苦，只要把注意力转移到另一个人的痛苦或喜悦之上时，我们本身的痛苦必然会减轻。在医院里，我们常看到相互安慰，彼此鼓励的病人，一个自己走路都不稳当的人，却有能力去扶持另一个人，只因那个人比他更虚弱。当我们在照顾病人的时候，常常分外坚强，因为，我们知道自己被需要。

人的快乐与不快乐，全在于懂得珍惜还是不知感激。懂得珍惜的人，觉得自己拥有好多，好幸福。不知感激的，却老认为自己有的不够多，老看见别人碗里的青菜豆腐，看不见自己碗里的大鱼大肉。我们何不从现在起，就在此刻给自己一点儿时间，好好检视一下自己所拥有的，或许会惊讶地发现，自己原来是这么的富有。世界上最快乐、最幸福的人，是那些懂得惜福的人。

曾听一位名人说过他小时候母亲一直告诫他："不要去想没拿到的东西，多想想自己手里所拥有的。"

在人生道路上，与其费时、费力去想那些自己没有的，不如好好掌握你已经拥有的。别只顾着想要更多，结果连原来有的也失去了。更何况，"有""无""多""少"和"贫""富"，本无一定标准，全在于我们的主观认定，世界上有捧着金饭碗的穷人，天天为财务烦心，但也有孑然一身，空无一物的富人。之所以说他们为富人，不是因为他们拥有丰富的物质财富，而是因为他们对自己的生活感到满足。只要你自己觉得满足，你就是世界上最富有的人。

攀比滋生嫉妒和怨气

代代硕士毕业后很顺利地进入了一家事业单位，不久就与本单位的同事结了婚，小夫妻过着比上不足比下有余的生活，让人羡慕不已。

可是，一天逛街的时候，代代看见了读硕时的同学果果。在学校的时候，两人算是很要好的朋友，而且各方面条件都不相上下，毕业之后就渐渐失去了联系。这次，她看到果果已不再是从前的果果了，开着一辆宝马，派头十足。

本来自我感觉良好的代代，心里突然感觉酸酸的。接下来，她又碰到了果果。在购物中心，代代看到她正在试穿一件价格不菲的貂皮大衣。对代代来说，这种衣服是可望而不可即的。"给我包起来吧，试过的衣服，我都要了！"果果的洒脱更是刺痛了代代的心。随后，果果邀请代代到自己家中玩，但代代没有去，她觉得自己在果果面前，有一种灰溜溜的感觉。

回家后，代代越想越不是滋味。本来大家都在同一起跑线上，现在却有天壤之别，心中的那份失落就别提了。之后，代代无意中得知果果以前被一个已婚的台湾富商包养过，后来被富商的妻子知道了，两个女人还大打出手，她与富商就此也结束了关系。

怪不得她现在这么阔气，大概还是用以前富商给的包养费吧！代代越想越得意，还在同学之中四处散播。一时间，关于果果的流言蜚语在同学们之中传开了。代代听到这些流言的时候，心里才得到了些许平衡。

或许你也有这样的感觉，别人的成功，别人的幸福，别人的春风得意，让你突然感觉到很失落。即使你表面比较平静，但内心同样是波涛汹涌，感觉有一种无形的东西被摧毁了。

这就是嫉妒之心，也就是所谓的攀比现象。爱攀比，比胜了，似乎能证明自己有多么与众不同。爱与别人比较的人实际是一种缺乏自信的表现，总是利用与别人攀比获得自信。有些人往往为了面子，贪图虚荣，追求虚幻的东西。别人有的东西我一定要有，别人敢消费的新东西，我也敢消费。人在物质上有了攀比之后，就会给自己带来不必要的精神和经济负担。许多人都有攀比心理，一般来说女人的攀比心理更严重。

有一位妻子，特别喜欢和别人比较，有一次对丈夫说："隔壁小高是你的同事，他们有的我们一定要有，绝不能输给他们。你知道，他们最近买什么了?"

丈夫回答："他们最近贷款买了一辆车。"

妻子说："那我们也要买一辆。"

丈夫又说："他最近在外还合伙承包了一家饭店。"

妻子说："明天把存款里的钱全取出来，我们也要开一家。"

丈夫接着又告诉妻子："小高他最近……最近……算了，我不想说了。"

妻子立马变脸，说道："为什么不说? 怕比不过人家吗?"

丈夫顿感无奈，于是马上小声地跟妻子说："小高他最近换了一个年轻漂亮的太太。"

这时，妻子没有话说了。

这位妻子是可笑的，什么都要和人家攀比，直到最后，听说人家把太太也换了，也就不再攀比了。生活中，很多人都习惯了和别人做比较，但事实上，每个人都有自己的长处，也都有自己的短处。人和人之间其实没有太大的可比性，盲目地和人家攀比，只会给自己增加一些无谓的烦恼。

如果你也是一个爱攀比的人，一个试图攀比的人，那么停下你的脚步吧！别让虚荣阻碍了你享受生活的权利。攀比虽然让你的虚荣心得到了暂时的满足，可为了这满足你却付出了多大的代价：想方设法、不择手段、焦头烂额、心神交瘁，更大的代价是你忘了生活中还有比攀比更重要的事情。

跳出"与别人比较"的模式，自己和自己比。每个人的生活方式不一样，应该根据自己的实际情况，踏踏实实地过好自己的生活。跳出"与别人比较"的模式，而成为与"自己比较"的独立的自我。人和人的差异是巨大的，时尚杂志里艳光四射的模特和成功的比尔·盖茨常人自是无法比拟，没法儿跟他们较劲，但总能跟自己比吧，只要今天的自己比昨天的自己好，或者不比昨天的自己差就好了。

想想攀比最后给你带来了什么。与别人攀来比去，你最后除了虚荣的满足和失望之外，还剩下什么？有没有意义？是徒增烦恼还是有所收获？这种毫无意义的攀比，为什么还滋生在你的脑海里，为什么还不快点摆脱掉？

看到别人的腾达，但不攀比、不嫉妒，送上自己的祝福和羡慕，只是不断地鼓励自己，努力地改善自己的生活状态，但绝不强求自己。没有贪婪之心，拥有一点点就很知足了，这种平静的、自然的、真实的、健康的、积极向上的生活，才是真正的生活。

无尽的攀比给自己带来的只是或嫉妒，或怨气，或烦恼，或痛苦，为何要让这些消极情绪来吞噬自己的生活呢？尽快地从攀比的牢笼里走出来吧，给自己一个快乐、知足的生活态度。

赢得起，也要输得起

人生难免失败，做一个人不仅要能赢得起，同时也应输得起。因为胜败实乃兵家常事，也是人生常事。能以客观、平常心去看待这种胜负，不那么计较成败，便可在糊涂时，拥有良好的心情。才不至于在胜利时冲昏头脑，在失败时，耿耿于怀，一蹶不振。

在一次残酷的长跑角逐中，参赛的有几十个人，他们都是从各路高手中选拔出来的。

然而最后得奖的名额只有 3 个人，所以竞争格外激烈。

一个选手以一步之差落在了后面，成为第四名。

他受到的责难远比那些成绩更差的选手多。

"真是功亏一篑，跑成这个样子，跟倒数第一有什么区别？"

这就是众人的看法。

这个选手若无其事地说："虽然没有得奖，但是在所有没得到名次的选手中，我名列第一！"

谁说跑第四名跟跑倒数第一没有什么区别！在竞争中，自信的态度，远比名次和奖品更为珍贵。赢得起，也输得起的人，才能够取得大的成就。

如果你不能将输赢看淡，而是格外认真地去计较这一切。结果很有可能会事与愿违。

周谷城先生有一次在接受记者采访时，记者问他："您的养生之道是什么？"他回答说："说了别人不信，我的养生之道就是'不养生'三个字。我从来不考虑养生不养生的，饮食睡眠活动一切听其自然。"他讲得太好了，对比那些吃补药吃出毛病来的，练功练得走火入魔的……他的话很清楚地说明了糊涂做人的深意。

1996 年英国举行的欧洲杯足球锦标赛半决赛，竞争双方分别是德国队和英格兰队。英格兰队状态极佳，又是在家门口比赛，志在必得。德国队当时也处在高峰时期。90 分钟内两队踢了个平局，加时又是平局，最后只得点球大战决胜负。英格兰队极兴奋，每踢进一个点球球员就表露出兴奋若狂不可一世的架势，而德国队显得很冷静，踢进一个点球也基本上无甚反应。后来，英格兰队输了。一位中国足球评论员说："英格兰队太想赢了，所以反而输了。"

18 世纪英国查斯特·菲尔德勋爵说："一个富足的个性，在生活中能够笑看输赢得失。他们深信自然和自己的潜能足以实现任何梦想，认为一个成功者周围倒下千百个失败者是不成功的，真正有效的成功者，只在自己的成功中追求卓越，而不把成功建立在别人的失败上。"有首禅诗写道："尽日寻春不见春，芒鞋踏遍陇头云。归来笑拈梅花嗅，春在枝头已十分。"当我们拼命在物质世界中寻求快乐的时候，往往忽略了我们的内心世界——自己的精神家园，而当我们真正静下心来，重新审视自己的时候，却会发现，真正的快乐只来自自己内心的安详。

人生无论成败，都没有什么值得牢记于心的。糊涂一点儿，尽快忘记那些过去的不快记忆，才会少一些压力，以后的路才能走得更顺畅。

每个人都不必总乞求阳光明媚，暖风习习，要知道，随时都会狂风大作，乱石横飞，无论是哪块石头砸了你，你都应有迎接厄运的气度和胸怀，在打击和挫折面前做个坚强的勇者，跌倒了再重新爬起来，将自己重新整理，以勇者的姿态迎接命运的挑战。

人生苦短，由此我们不难联想到，云南大理白族的三道茶，就是一苦二甜三淡，它象征了人生的三重境界。苦尽才能甜来，随之才有散淡潇洒的人生，才会不屈服于挫折的压力，开创大业，迎来人生的辉煌。

用发自内心的感恩代替抱怨

俗话说："希望越大失望越大。"当人的期望值越高，而现实却迥然不同，心理落差太大时，人们难免会怨气冲天。

按照惯例，许多公司都会在春节前发放年终奖金。因此，春节来到之前的这个星期，老刘异常兴奋。他想起自己这一年早来晚归、兢兢业业地为公司工作，连妻子和女儿都照顾不上，心里盘算着奖金肯定少不了。有了这笔钱自己就可以给家中购置很多春节礼物了，于是，老刘每天都是早早就来到公司。

终于，星期三，老板把装着奖金的红纸包发给每一位员工。当老刘打开时，只有五百块钱？他简直不敢相信自己的眼睛："这够塞牙缝吗？"一瞬间，失望、不平和愤怒一起涌向他的心头。"太不公平了，老板太抠门了！"当下，老刘就有了辞职的念头。

在职场中，有些员工总是喜欢抱怨，抱怨工作压力大、不被公司重视、上司很苛刻、公司存在很多问题等。而抱怨自己的薪水低是最普遍的问题。但是抱怨能解决问题吗？抱怨能感动老板发慈悲多发薪水吗？恐怕这种情况发生的概率很小。如果你对目前的薪水大肆抱怨，不满就会表现在工作中，对工作不认真、不负责，失去工作动力，结果工作做不好，薪水上涨当然是不可能的。所以越是抱怨，你的薪水越是难有上涨的机会。

其实，要改变自己爱抱怨的弱点，有一个秘方就是感恩。

职场中，那些对老板、对同事、对工作充满怨气的员工缘于没有一颗感恩的心。他们没有认识到是老板给他们工作的环境和机会，没有感受到是同事给予他们工作上的支持和协作，没有体会到是工作提供给他们成长的空间和生存的土壤，反而把自己黄金般宝贵的光阴，浪费在一大堆无用的指责埋怨上，这是人生最悲哀的事情。当他们怀着消极的心态、着眼于企业的不足时，会感到心情郁闷、精神不振、没有心思和精力努力工作。

英国作家萨克雷曾说过："生活就是一面镜子，你笑，它也笑；你哭，它也哭。"此时，你不妨换个角度来考虑问题，想一下，企业给了你什么好处和利益？企业有什么值得称道的？

在激烈的市场竞争中，一家企业能够在竞争激烈的市场中占有一席之地，就说明它有相当的优势，能够为员工提供生存发展的机会。对此，作为企业的员工应抱着感激之心，感激你从企业得到的一切，感激企业给了你赖以生存的工作和发展的平台，一定的社会地位等。这些，都是生活幸福、安定的基础。因此，不要抱怨这些不足，而要看到长处，包容短处。因此，停止抱怨，心怀感恩，把精力都用在工作上、用在想尽办法解决问题上，企业不愁发展不了，你也会有更好的明天。

总之，感恩是一种生活态度，一种处世哲学，一种智慧品德。感恩，不仅仅是感激别人的恩德，更是一种生活的态度。感恩不纯粹是一种心理安慰，也不是对现实的逃避，感恩是一种歌唱生活的方式，它来自对生活的爱与希望。因此，无论生活还是生命，都需要感恩。

也许你会说，我想不到有什么值得感恩的，生活欺骗了我，成功抛弃了我。那么，下面这个童话故事会让我们明白许多感恩的道理。

一位残疾人来到天堂，找到了上帝。抱怨上帝没有给他健全的四肢。于是，上帝给残疾人介绍了一位朋友，这个人刚刚死去不久，刚升入天堂。他对残疾人说："珍惜吧！至少你还活着。"

一位官场失意的中年人来到天堂找上帝，抱怨上帝没有给他高官厚禄。上帝就把那位残疾人介绍给他，残疾人对他说："珍惜吧！至少你四肢健全。"

一位年轻人来到天堂，质问上帝为什么自己总是得不到别人的重视。上帝就把那位官场失意的中年人介绍给他，他对年轻人说："珍惜吧！至少你还年轻。"

这些人忽然感到自己身上竟然有这么多异于他人的优点，值得他人羡慕，于是不再抱怨，很感激自己的父母了。

人生一世，不可能孤立存在，在生存的环境中，我们的每一步成长，每一次的成功都是在亲情、友情的烘托下取得的。我们有什么理由不感恩呢？

拥有一颗"感恩"的心，就会善于发现事物的美好，感受平凡中的美丽：注意并记住生活中美好的事情，你就会有很多正面情绪，让你感到生活幸福，并对生活充满感激和希望，并且这些正面情绪开始深入你的潜意识生根发芽。

感恩是对人生的一种态度，更是对自己的态度。常想着他人的恩惠，忽略种种的不快，珍惜身边点点滴滴的爱，是对别人的尊重，更是对自己的尊重。在你学会感恩的同时，你已经爱上了这个世界。当你心存感恩的时候，就会发现生活之美。在顺境中感恩，在逆境中依旧心存喜乐。如果在我们的心中培植一种感恩的思想，则可以沉淀许多的浮躁、不安，消融许多的不满与不幸。

拥有一颗感恩的心，能让你的生命变得无比珍贵，更能让你的精神变得无比崇高！常怀感恩之心，会让我们珍惜所有的一切，会让我们的生活充满阳光和快乐。学会感恩，我们会永远工作和生活在幸福之中。

停止抱怨，做好自己的工作

在职场中，如果你总是抱怨，那么梦想就会离你越来越远。可是，无论在哪个单位，无论是什么职位，总是能听到一些抱怨的声音：

——这份工作太没意义了，在这儿工作简直是在浪费青春！

——老板也太抠了，工资那么点，还没白天没黑夜的加班，简直把我们当驴使！

——在这儿学不到一点儿东西，再待下去的话，自己也会变成个一无所知的智力障碍者。

——办公室人际关系太复杂了，大家表面看起来和和气气的，可是背地里却钩心斗角，说对方的坏话，这种气氛真让人压抑。

——这家公司前途渺茫，看来没什么发展空间了。

……

抱怨工作的乏味，抱怨上司的严厉，抱怨老板没人情味儿……发泄一通自然能解一时之气，但是自己目前的状况始终没有改变，面临的问题也始终没有得到解决。

每个人都希望自己能有一份高薪水、离家近、干活儿少，最好能经常旅游且人际关系很简单的工作。有很多人总是羡慕 Google 公司的职员，因为 Google 公司的职员享受的待遇和福利堪称一流。

比如：高额的薪水；一流的办公环境；和气的上司；一日三餐都有五星级厨师随时待命，而且完全免费；零食包括巧克力、酸奶、水果随用随取；还可以带着自己心爱的宠物上班；如果累了可以做免费的按摩；每天有百分二十的时间做自己想做的事情……这样的工作环境每个人都向往。但是，Google 不是慈善机构，免费享受那些待遇的前提是能为公司创造出巨大的商业利润，或者是德才兼备的人员。你不妨扪心自问：如果你去 Google 上班，你觉得你能胜任吗？如果你总是抱怨，无论在什么公司，都不会有好的发展。不仅得不到发展，而且还会让很多机会溜走。

国华是从一所名牌大学毕业的，工作能力超强。但是，他最近却休息在家，每个月只拿几百块的失业补助，他才 35 岁啊，为什么就不去上班工作了？

原来，国华以前在一外企工作，刚开始，领导很器重他，上班没多久，就提拔他当了部门主管，两年后，又提拔他为副经理。国华虽然工作能力超强，但是他有个毛病，那就是爱抱怨牢骚。对于国华的这点儿毛病，领导认为他会慢慢地改掉的。可是，自从当了副经理之后，国华不仅没有改掉这个毛病，还变本加厉，甚至当着领导的面无休止地抱怨。领导越来越看不惯他，认为一个总喜欢抱怨的人是不适合在公司发展的，慢慢地，就冷落他了，先是撤了他的副经理职位，随后又撤了他的主管职位。这种情况下，国华的抱怨更多了，不但自己消极怠工，还影响别人做事，最后，领导劝他先回家休息休息，实际上等于是让他辞职了。

如果国华能改掉这种发牢骚的毛病，凭借他的能力，找一个好工作是不成问题的。之后的国华也陆续去了几家单位上班，刚开始，领导也是很赏识和重视他，可是，他的缺点始终改不了，结果同样是遭到了冷落，他受不了冷落，一气之下就又不干了。

……

如果想在自己的工作岗位上有所作为，那就踏踏实实地工作，因为那些在事业上有所建树的人们从不抱怨公司，而是认真干好自己的本职工作，最终通过努力和业绩来证明自己的价值。

罗宁毕业之后，先在一家小文化公司做打字员。虽然只是一个小打字员，罗宁却并没有因为不起眼的工作岗位而抱怨，而是暗自下决心："既然要当打字员，那就一定要把打字员的工作做好。"当然，这是她一向的做事态度。

有一次，老总给了她一份手写稿，要得很急，要她第二天交上来，五十多页啊，而且手写稿字迹潦草，很难辨清。面对如此让人头疼的工作，罗宁没有抱怨，加了一晚上的班终于赶出来了，而且工作做得相当细致，有些字辨别不出，她都用颜色标注了一下，老总看后相当满意。之后，老总对罗宁的印象加深了。

由于谦虚、勤奋、好学，在很短的时间内，罗宁便得到了提升，先后担任了编辑部主任、公司总经理等职位。

无论何时何地，无论从事什么工作，罗宁总是坚持"做好本职工作"这一原则，努力提高自己的能力。对于问题，她总能一眼找出症结所在。最后，她被大公司高薪聘走。

既然选择了这项工作，那就要努力把它做好。但是很多人对于自己的工作总是不屑一顾，充满了抱怨，而且总是叹息自己怀才不遇，或者抱怨得不到应有的待遇。其实，只要认真努力地把自己的本职工作做好，你会发现你的世界变得豁然开朗。

那些经常抱怨自己工作的人，应该懂得：

一味地抱怨并不能解决任何问题。只是抱怨发牢骚，那你的工作就可以跳过去不用做了吗？当然这是不可能的，因为不管你的心情如何，你的工作迟早还得由你来完成，既然这样，那为什么还要抱怨，让大家的心里都不舒服？想一想，有那些发牢骚的工夫，还不如启动智慧的大脑去想想办法，分析一下事情为什么会这样？怎样才能如愿以偿？……

经常抱怨的人没人缘。如果你总是抱怨、发牢骚，相信你的同事也不愿意和你一起共事，因为面对一个絮絮叨叨、满腹牢骚的人对任何人来说都是一种痛苦。而且，太多的抱怨不仅无法解决问题，而且更加证明你的无能，只有无能的人才只知道抱怨，把一切不顺归咎于种种客观因素。如果对上司交付的工作也总是推来推去、嘟嘟囔囔，他也许会认为你心里对工作很不满意，不足以托付重任，这样的一个大好机会也就溜之大吉了。

抱怨会伤人。相信任何人都不愿意听满腹牢骚的人抱怨，即使是你的兄弟姐妹，面对你的抱怨也是敬而远之，更何况是你的同事呢？很多人都会介意你的态度，大家都不愿意对你的冷言冷语一再宽容，因为每个人都愿意听一些积极向上、美好的东西，那些尖酸刻薄的话语只会伤到人。

想一想吧，任何的抱怨都是无济于事的，而且还会伤到别人，既然都已经做了，就心甘情愿些吧，如果只是一味地抱怨，还会使你的功劳被埋没，何苦呢？

无论你的理想是什么，也无论你的人生目标有多高，但你需要做的就是把眼前的工作做好，然后才有资格考虑其他的。当然，对于眼前比较琐碎的工作，你不要眼高手低、好高骛远，甚至不肯在基层工作中投入精力，这不仅仅是对工作的不负责任，也是对自己将来发展的不负责任。因为任何人的成功都是由小到大积累起来的，任何人都不可能一步登天，只有循序渐进地积累实力，从最平凡、最基础的工作做起，才能最终实现职业梦想。

第二章
当不公平从天而降

一味愚蠢地强求始终公平，是心胸狭隘者的弊病之一。

——爱默生（美国思想家、文学家）

生活是不公平的，你要去适应它。

——比尔·盖茨（美国企业家）

并没有绝对的公平

为什么晋升的是他而不是我？为什么我对你这样好你却要那样对待我？为什么为什么为什么……"这不公平!"——不少人在承受不公平待遇的时候，都会怒气冲冲。在强烈怒气的支配下，人最容易失去理智而冲动，做出一些连自己也会后悔的出格事情来。

谁会愿意承受不公平呢？但人世间的纷纷扰扰，又岂是"公平"二字能规范得了的？生不公平，有人生于富贵人家，有人生于白屋寒门；死不公平，有人英年早逝，有人寿比南山。生与死都不公平，我们又拿什么来要求处于生死之间的人生旅程中事事公平？

看了上面的话，也许有人很沮丧：难道人世间就没有了公平吗？不是的，人世间不仅有公平而且在绝大多数情况下是公平的。正是因为有了公平的存在，我们才能看到不公平；也正因为公平存在于大多数情况之中，不公平才会如此刺眼。

值得注意的是，公平需要放在一个较长的时间系统里去看。社会是公平的，但我们不可能任何时候、任何地点、任何事情都强求绝对的公平。山有高有低，水有深有浅。这个世界，不存在绝对的公平。如果我们事事要求公平，必然会陷入愤怒与过激之中。爱默生说："一味愚蠢地强求始终公平，是心胸狭隘者的弊病之一。"

付出一定会有回报吗？

有道是"一分耕耘一分收获"，或云"世间自有公道，付出总有回报"，但是真正的现实生活中是这样的吗？

不是每一朵花儿，都能有结出饱满的果实；不是每一份付出，都有回报。或许更多的时候，我们的付出没有什么回报，一切付出

25

终于只是"付之东流"。当你总是用真诚去关心、了解别人时，收到的却是冷漠；当你做什么都总是为别人着想时，别人却认为这是理所当然的事……

付出没有回报的原因有很多。原因之一是你的付出投错了地方，就像你想要在死海中钓一尾虹鳟鱼一样，怎样的努力也白搭，因为你根本就将力气用错了地方。你不改变策略，你的付出就注定会打水漂。世界万物的运动都是有规律的。人们不管做什么事情，都要尊重客观世界的规律，遵循客观世界的规律。凡是违背客观世界规律的事，不管付出多少，最后的结局必然是失败，而且付出越多失败越惨。

此外，就算你将努力与付出用对了地方，也不见得一定有回报。三月播种四月插田，农民年年忙碌在田间地头，但一场突如其来的暴雨就足以让他们颗粒无收，甚至于无家可归，还提什么回报啊！

不是所有的春华都会有秋实，不是全部的付出都有回报。不要再执着于"付出总有回报"之中，否则一旦付出之后没有回报，便会心有不平，大发牢骚，怨天尤人，诅咒老天不公。人在这种心态与情绪之中，最容易走极端。

然而，尽管付出不一定有回报，但这绝不能成为我们懒惰颓废的借口，因为不付出就一定没有回报。有则笑话是这样的：一个人整天拜着菩萨，请求菩萨保佑他的彩票中大奖。可是他拜了很多次菩萨，愿望还是没有实现。这个人终于气愤地质问菩萨为什么不保佑自己。菩萨说："我也想帮你一回，但你也得先买彩票，我才能让你中奖啊！"透着几分荒唐的笑话，其实也说明了一个道理：不付出就一定没有回报！

既然付出不一定有回报，而不付出一定没有回报。我们当然只有选择付出了。只是，在付出没有得到回报的时候，不要过于生气，要冷静地想一想原因。事实上，我们的付出没有回报很多时候是一个表象，有些回报是无形的。爱迪生发明灯丝时付出了 N 次还没有回报，但爱迪生认为他有回报——他知道了 N 种材料不适合制作灯丝。果然，他在第 N+1 次实验时成功了。

　　如果你对于付出与回报之间的关系能够清楚了解，那么在付出很多依然没有得到自己想要的东西时，也就不会有那么多的不平，也就不会轻易滋生出冲动。

以平和心对待不公

我们生活在一个社会群体之中，一个社会必须有合理的法律、规则与道德标准等来相互约束，以维持一个良好的社会秩序。在我们的生活中，大家都习惯于时时处处去寻求一种公道与正义，一旦感到失去了公正，他们就会愤怒、忧虑或者失望，并因此而产生报复与反击的冲动。

人们常说"世间自有公道在"，但现实的结果是，寻求绝对的公道就像寻求长生不老一样。我们周围的世界——不管是自然界还是人类——本身不可能是一个完全公平的世界。鸟吃虫子，这对于虫子来说是不公正的；蜘蛛吃苍蝇，对于苍蝇来说也是不公正的；美洲狮吃小狼，狼吃獾，獾吃老鼠，老鼠吃蟑螂……

只要环顾一下大自然，就不难看出，世界上很多现实是无法用公道衡量的。倘若人们强求世上任何事物都得公平合理，那么所有生物连一天都无法生存——鸟儿就不能吃虫子，虫子就不能吃树叶，世界就得照顾到万物各自的利益。所以，我们寻求的完全公道只不过是一种海市蜃楼罢了。整个世界以及世界上的每个人都会遇到各种各样的不公道。面对这些不公道，你可以高兴，可以怨恨，可以消极视之……但那些不公道现象依然会永远存在下去。

这里，我们提出的并不是什么大儒哲学，而是对客观世界的一种真实描述。绝对的公道是一个脱离现实的概念，当人们追求自己的幸福时尤其如此。许多人会问：难道生活中就不存在任何正义感了吗？他们常常会说：

"这是不公平的。"

"如果我不能这样做，你也没有权利这样做。"

"我会这样对待你吗？"

……

人们渴求公道，但一旦他没有得到公道时就会表现出一种不愉快。讲求正义、寻求公道，这本身并不是一种误区性的行为，但如果你一味地追求正义和公道，未能如愿便消极处世，这就构成了一个误区——一种自我挫败性行为。当然，这一误区并不是指寻求公道的行为本身，而是指由于不公道的现实存在而使自己产生的一种惰性。

不公道现象的存在是必然的，当你无法改变这一现实时，你可以努力改变自己，不让自己因此而陷入一种惰性，并可以用自己的智慧进行积极的斗争。首先争取从精神上不为这种现象所压垮，然后努力在现实中消除这种现象。

在我们的生活与工作中，经常会听到有人如此发泄："这简直太不公平了！"——这是一种比较常见、但又十分消极的抱怨。当你感到某件事不太公平时，必然会把自己同另一个人或另一群人进行比较。你可能会想：

"既然他们能做，我也能做。"

"你比我得到的多，这就不公平。"

"我没有那样做，你为什么可以那样做？"

……

渴求公正的心理可能会体现在你与他人的关系中，妨碍你与他人的积极交往。不难看出，你是在根据别人的行为来衡量自己的得失。如果这样，支配你情感的就是别人，而不是你自己了。如果你未能做别人所做的事情，并因此而烦恼，你就是在让别人摆布你。每当你把自己同别人进行比较时，你就是在玩"不公平"的游戏，这样你采取的就是着眼于他人的外界控制型思维方法。

强求公正是一种注重外部环境的表现，也是一种避而不管自己生活的办法。你可以确定自己的切实目标，着手为实现这一目标采取具体行动，不必顾忌不公平的现象，也无须考虑其他人的行为和思想。事实上，人与人之间总会存在一定的差异。别人的境遇如果比你好，那你无论怎样抱怨也不会改变自己的境遇。你应该避免总是提及别人，不要总是拿望远镜瞄准别人。有些人工作不多，报酬却很高；有些人能力不如你强，却得到晋升。然而，只要你将注意力放在自己身上，不去同别人比来比去，你就不会因周围的不平等现象而烦恼。各种误区性的行为都有一个相同的心理根源——他们把别人的行为看得更加重要。如果你总是说"他能做，我也可以做"，那你就是在根据别人的标准生活，你永远不可能开创自己的生活。

在现实生活中，我们可以明显地看到一些"渴求平等"的行为。你只要稍加观察，就会发现自己和别人身上存在许多这种行为的缩影。下面是一些较为常见的例子：

抱怨别人与你干得一样多，但工资却拿得比你多。

认为那些著名歌星的收入太高，这实在不公平，并因此感到恼火。

认为别人做了违法乱纪的事时总是可以逍遥法外，而你却一次也溜不掉，因此感到十分不平。

总是说："我会这样对待你吗？"其实就是希望别人都同你一模一样。

总要报答别人的友善行为。你要是请我吃饭，我也应该回请你，或者至少送你一瓶酒。人们常常认为这样做才是懂礼貌、有教养。然而，这实际上仅仅是保持公平对待的一种做法。

在爱人对你表示亲热之后，总要回吻，要不就是说"我也爱你"，而不会自己选择表达感情的时间、方式和场所。这说明在你看来，接受了别人的亲吻或"我爱你"而没有相应的表示，就是不公平的。

即使自己不愿意，也会出于义务去做对方想要的回应，因为没有一点儿合作精神太不近情理。这样，你就不是根据自己在具体情况下的意愿，而是根据公平对等的原则而生活。

对任何事情都要求前后一致，始终如一。爱默生曾说过这样一句话："……一味愚蠢地要求始终如一，是心胸狭隘者的弊病之一。"倘若你坚持始终如一地以"正确"方式做事，就很可能属于心胸狭隘的一类人。

在争论时，非要辩出个明确的结论：胜利的一方就是正确的，失败的一方则应承认错误。

以"不公平"的论据来达到自己的目的。"你昨晚出去了，今晚让我等在家里就太不公平了。"要是对方不接受你的意见，就愤愤不平。

做自己本不愿意做的事情（如带孩子上街玩、周末去父母那儿或给邻居帮忙），因为你担心不这样做会对孩子、父母或邻居太不公平了。其实，不要将一切问题都归罪于不公平的现象。应该客观地考虑一下你为什么不能根据自己的情况做出适当的决定。

认为"如果他能这样做，我也可以这样做"，用别人的行为来为自己辩解。你可能用这种误区性理由解释自己的作弊、偷窃、欺诈、迟到等不符合你的价值观念的行为。例如，在公路上开车时，一辆车把你挤到了路边，你也要去挤他一下；一个开慢车的人在前面挡了你的路，你也要赶上去挡他一下；迎面来车开着大灯晃了你的眼，你也要打开自己的大灯。实际上，你是因为别人违反了你的

公正观念，而拿自己的性命赌气。这就是在孩子们中间经常出现的
"他打了我，所以我要打他"的做法，而孩子们则是在多次见到父
母的类似行为之后才学会这样做的。

　　每每收到礼品，都要回赠对方一件价值相当的东西，甚至加倍
报答。坚持在各方面与别人保持对等，而不考虑自己的具体情况。
"事物毕竟应该是公平对待的。"

　　上面就是我们在"公正"之路上可以见到的一些具体情形。在
这里，你同身边的人都多少会受到一些震动，因为你们头脑中有一
种完全不现实的概念：一切都必须是公平合理的。

别踢"仇恨袋"

一位妇人同邻居发生了纠纷，邻居为了报复她，趁黑夜偷偷地放了一个花圈在她家的门前。

第二天清晨，当妇人打开房门的时候，她震惊了。她并不是感到气愤，而是感到仇恨的可怕。是啊，多么可怕的仇恨，它竟然衍生出如此恶毒的诅咒！竟然想置人于死地而后快！妇人在深思之后，决定用宽恕去化解仇恨。

于是，她拿着家里种的一盆漂亮的花，也是趁黑夜放在了邻居家的门口。清晨邻居打开房门，一缕清香扑面而来，妇人正站在自家门前向她善意地微笑着，邻居也笑了。

一场纠纷就这样烟消云散了，她们和好如初。

冤冤相报何时了？宽容他人，除了不让他人的过错来折磨自己外，还处处显示着你的淳朴、你的坚实、你的大度、你的风采。那么，你将永远拥有好心情。只有宽容才能治愈不愉快的创伤，只有宽容才能消除一些人为的紧张。学会宽容，意味着你不会再心存芥蒂，从而拥有一份流畅、一份潇洒。

在生活中我们难免与人发生摩擦和矛盾，其实这些并不可怕，可怕的是我们常常不愿去化解它，而是让摩擦和矛盾越积越深，甚至不惜彼此伤害，使事情发展到不可收拾的地步。

用宽容的心去体谅他人，把微笑真诚地写在脸上，其实也是在善待自己。当我们以平实真挚、清灵空洁的心去宽待别人时，心与心之间便架起了相互沟通的桥梁，这样我们也会获得宽待，获得快乐。

古希腊神话中有一位大英雄叫海格里斯。一天他走在坎坷不平的山路上，发现脚边有个袋子似的东西很碍脚，海格里斯踩了那东西一脚，谁知那东西不但没被踩破，反而膨胀起来，加倍地扩大着。海格里斯恼羞成怒，操起一根碗口粗的木棒砸它，那东西竟然长大到把路都堵死了。正在这时，山中走出一位圣人对海格里斯说："朋友，快别动它，忘了它，离开它远去吧！它叫仇恨袋，你不犯它，它变小如当初；你侵犯它，它就会膨胀起来，挡住你的路，与你敌对到底！"

人在社会上行走，难免与别人产生摩擦、误会甚至仇恨，但别忘了在自己的仇恨袋里装满宽容，那样你就会少一分阻碍，多一分成功的机遇。否则，你将会永远被挡在通往成功的道路上，直至被打倒。

《百喻经》中有一则故事：

有一个人心中总是很不快乐，因为他非常仇恨另外一个人，所以每天都以嗔怒的心，想尽办法欲置对方于死地。

为了一解心头之恨，他向巫师请教："大师，怎样才能化解我的心头之恨？如果画符念咒可以损害仇恨的人，我愿意不惜一切代价学会它！"

巫师告诉他："这个咒语会很灵，你想要伤害什么人，念着它你就可以伤到他；但是在伤害别人之前，首先伤到的是你自己。你还愿意学吗？"

尽管巫师这么说，一腔仇恨的他还是十分乐意，他说："只要对方能受尽折磨，不管我受到什么报应都没有关系，大不了大家同归于尽！"

为了伤害别人，不惜先伤害自己，这是怎样的愚蠢？然而现实生活中，这样的仇恨天天在上演，随处可见这种"此恨绵绵无绝期"的自缚心结。仇恨就像债务一样，你恨别人时，就等于自己欠下了一笔债；如果心里的仇恨越来越多，活在这世上的你就永远不会再有快乐的一天。

"冤家宜解不宜结。"只有发自内心的慈悲，才能彻底解除冤结，这是脱离仇恨炼狱最有效的方法。

作家摩罗在《把敌人变成人》一文中曾转述了1944年苏联妇女们对待德国战俘的场景。

这些妇女中的每一个人都是战争的受害者，或者是父亲，或者是丈夫，或者是兄弟，或者是儿子在战争中被德军杀害了。

战争结束后押送德国战俘时，苏联士兵和警察们竭尽全力阻挡着她们，生怕她们控制不住自己的冲动，找这些战俘报仇。然而，当一个老妇人把一块黑面包不好意思地塞到一个疲惫不堪的、两条腿勉强支撑得住的俘虏的衣袋里时，整个气氛改变了，妇女们从四面八方一齐拥向俘虏，把面包、香烟等各种东西塞给这些战俘……

叙述这个故事的叶夫图申科说了一句令人深思的话："这些人已经不是敌人了，这些人已经是人了……"

这句话道出了人类面对苦难时所能表现出来的最善良、最伟大的生命关怀与慈悲，这些已经让人们远远超越了仇恨的炼狱。

如果一个人心中时时怀着仇恨，这仇恨就会像海格里斯遇到的仇恨袋一样，一次次地放大，一次次地膨胀，总有一天它会隐藏你内心的澄明，搅乱你步履的稳健。

退一步海阔天空

记得这是一位外国学者的话，意思是说：会生活的人，并不一味地争强好胜，在必要的时候，宁肯后退一步，做出必要的自我牺牲。

历史上有许多这样的例证。

清河人胡常和汝南人翟方进在一起研究经书。胡常先做了官，但名誉不如翟方进好，在心里总是嫉妒翟方进的才能，和别人议论时，总是不说翟方进的好话。翟方进听说了这事，就想出了一个应付的办法。

胡常时常召集门生，讲解经书。一到这个时候，翟方进就派自己的门生到他那里去请教疑难问题，并一心一意、认认真真地做笔记。一来二去，时间长了，胡常明白了，这是翟方进在有意地推崇自己，为此，心中十分不安。后来，在官僚中间，他再也不去贬低翟方进而是赞扬了。

明朝正德年间，朱宸濠起兵反抗朝廷。王阳明率兵征讨，一举擒获朱宸濠，建了大功。当时受到正德皇帝宠信的江彬十分嫉妒王阳明的功绩，以为他夺走了自己大显身手的机会，于是，散布流言说："最初王阳明和朱宸濠是同党。后来听说朝廷派兵征讨，才抓住朱宸濠以自我解脱。"想嫁祸并抓住王阳明，作为自己的功劳。

在这种情况下，王阳明和张永商议道："如果退让一步，把擒拿朱宸濠的功劳让出去，可以避免不必要的麻烦。假如坚持下去，不做妥协，那江彬等人就要狗急跳墙，做出伤天害理的勾当。"为此，他将朱宸濠交给张永，使之重新报告皇帝：朱宸濠捉住了，是总督军们的功劳。这样，江彬等人便没有话说了。

王阳明称病休养到净慈寺。张永回到朝廷，大力称颂王阳明的忠诚和让功避祸的高尚事迹。皇帝明白了事情的始末，免除了对王阳明的处罚。王阳明以退让之术，避免了飞来的横祸。

如果说翟方进以退让之术，转化了一个敌人，那么王阳明则依此保护了自身。

以退让求得生存和发展，这里蕴含了深刻的哲理。

老子曾说过："道常无为而无不为，侯王若能守之，万物将自化。"意思是说，"道"永远是顺其自然不妄为，侯王如果能守住这样的"道"，万物就将自生自长。"为"代表"有"，"不为"代表"无"，只有顺应自然不妄为才能化无为有，万物和谐。

为了论证这个道理，老子进行了哲学的思辨：许多辐条集中到车毂，有了毂中间的空洞，才有车的作用；揉捏陶泥作器皿，有了器皿中间的空虚，才有器皿的作用；开凿门窗造房屋，有了门窗中间的空隙，才有房屋的作用。所以，"有"所给人的便利，完全靠着"无"起作用。

就是说，"无"比"有"更加重要。不仅客观世界的情况如此，人的行为也是如此。人的"无为"比"有为"更有用，更能给人带来益处。一味地争强好胜，刀兵相见，横征暴敛，"有为"过盛，最终只能落得个身败名裂的下场。

当然，老子贬"有为"扬"无为"的做法，并非完全正确。就社会生活而言，积极奋斗、努力争取、勇敢拼搏、坚持不懈的行为，其价值和意义，无疑是值得肯定的。但应该看到，人生的路并不是一条笔直的大道，面对复杂多变的形势，人们不仅需要慷慨陈词，而且需要沉默不语；既需要穷追猛打，也需要退步自守；既应该争，也应该让，如此等等。一句话，"有为"是必要的，"无为"

也是必要的。就此而言，老子的无为思想，具有极其重要的意义。

　　然而，在人生的旅途中，应该什么时候"有为"，什么时候"无为"呢？"无为"和"有为"的选择取决于主客或敌我双方的力量对比。当主体力量明显占优势，居高临下，以一当十，采取行动以后，可以取得显著的效果时，应该"有为"。而当主体处在劣势的位置上，稍一动作，就可能被对方"吃掉"，或者陷于更加被动的境地，那么，便应该以退为进，坚守"无为"方是。"无为"只是一种权宜之计、人生手段，待时机成熟，成功条件已到，便可由无为转为有为，由守转为攻，这就是中国古人所说的屈伸之术。

　　为此，我们提醒那些想建功立业的人，在人生大道的某一个点上，只有退几步，方能大踏步前进！

不能无限度地忍让

做人要"忍",然而忍耐过分也并不可取。过分地忍,会给我们带来许多的不幸、麻烦、痛苦,甚至是耻辱;过分地忍,已经使不少老实人的骨骼中缺少了"钙"的成分,忍到了不能再忍的程度;过分地忍,也使我们缺乏活力,缺乏向前闯的勇气;过分地忍,还是造成冲动的一个原因……

具体来说,过分地忍会产生什么样的结果呢?

第一,如果一个人只会过分地忍、一味地忍,那么他就会变成一个缺乏个性的人。人需要自己的个性,需要自己的风格,只有这样才能使自己的人生丰富多彩。对于那些忍到了极端的人来说,只是为忍而忍,将忍看作是一种目的,而不是一种手段。因此,只是逆来顺受,只会压抑自己,自己想说的话不能说,自己想干的事不能干,处处受到干涉和阻止,一点儿都不能发展自己。这样的忍,是以牺牲自己的独立人格和主体意识为代价的,因此,他们只能整天窝窝囊囊、无所作为地活着。这类人因为过于忍耐,其自我萎缩,缺乏鲜明的个性。

第二,如果一个人只会过分地忍、一味地忍,那么,他们就很容易变成守旧、毫无进取心的庸人。唐代学者刘禹锡诗曰:"流水淘沙不暂停,前波未灭后波生。"人生只有不断地进取才能获得成功。如果人以忍作为进取的一种手段和智谋,还是可取的。然而,有些人的忍,并不是为实现正义而做的一时妥协,并不是为实现自己远大的目标而做的暂时的撤退,只是对传统的习惯势力、落后势力的无限制地妥协和退让。这是懦弱的表现,因而胆小如鼠,俯首帖耳于恶势力之下。有时明明是正义站在他这一边，然而他还是一个劲儿地往后缩，变得越来越胆小怕事、守旧，越来越缺少斗争勇气，越来越缺乏进取精神。

第三，如果一个人只会过分地忍、一味地忍，那么这种老实过头的结果就会让人变得越来越带有奴性，越来越自卑。有的人为什么只会忍？就是缺乏自信。太自卑，对他人就只能无条件地顺从、服从。如果这种忍的时间一长，变成习惯之后，就会很快地转换成一种奴性，印刻在他的行为之中，时时事事都得依靠他人，变得离开他人就无法生存似的，甚至连他本人都不知道自己为什么要在世上生活下去。由于自我的极度萎缩，这种人越来越能忍，倘若离开了他人，倘若别人不弄出点儿事来让自己忍，甚至会感到世界末日将要来临一般。他会越来越缺乏独立性，会越来越看不到自己的长处，越来越自卑。

第四，如果一个人只会过分地忍、一味地忍，那么，对个人来说也只会带来矛盾和痛苦。过分的忍，实际上是人对社会的一种消极适应方式，是将个人在人生中遇到的所有矛盾、问题都由自己默默地承受。这种人不会宣泄，不会通过其他方式去化解矛盾，只会一个人在夹缝中生活，只会一个人躲在角落里偷偷地掉泪。结果呢，矛盾越积越多，越积越深，也就越来越痛苦，既害了自己，又误了别人。世界上本来有很多矛盾是属于"一点即破"的，然而一到了那些能忍、会忍的人身上，就听任矛盾积累起来。于是，本来不复杂的，变成了相当复杂的；本来很容易解决的，就变得很难办了。这类人，因为凡事过分地忍，其感情世界往往是最痛苦的，而且往往依靠个人的力量无法摆脱。

第五，一个过分忍让的人，极可能转变成一个极端冲动的人。这话乍听上去似乎有点儿讲不通，但世间的许多事物都是如此。太阴则阳，太阳则阴。一个过分忍让的人，心中的怨愤与怒气长年累积，犹如流水在拦河坝里受阻而水位益高，高到一定程度，一旦内心的理智之堤不堪承受，就会让怨愤和怒气一泄而出。我们经常在新闻中看到一些这样的案例：一个长年忍气吞声、逆来顺受的人，居然拍案而起，操刀杀了欺侮自己的人。这种血淋淋的案例让人不胜唏嘘。试想，如果该人不是太过忍让，会招来他人一而再、再而三的得寸进尺的欺侮吗？如果他懂得适度反击，会累积那么多的怒火直至崩溃吗？

的确，如果忍让浓浓地烙上了保守、落后、安命不争、平庸、易满足、缺乏进取心、衰老退化、奴性、软弱、过于自卑等痕迹时，那么，这样的忍耐就变了味，一定叫人憋气，叫人难受，叫人窝囊，叫人痛苦……为何？因为这种忍耐太缺乏时代精神，太缺乏人的进取精神，太缺乏人的主体意识，太缺乏人的骨气，太缺乏人的生存意义和价值了。

前面我们强调了做人要忍，现在又说不要过分地忍，那么它们之间的尺度到底如何把握呢？我们不妨先看两则小故事。

一位作家刚完成一本书，正陶醉在人们的赞美声中，另一个作家对他有些嫉妒，跑去对他说："我很喜欢你这本书，是谁替你写的？"作家回敬道："我很高兴你喜欢，是谁替你读的？"

你不仁，休怪我不义；你损我的面子，我也让你下不来台。对于尖酸刻薄、嘴上无德的人，我们不妨以其人之道，还治其人之身。

有一个常以愚弄他人而自得的人，名叫汤姆。这天早晨，他正在门口吃着面包，忽然看见杰克逊大爷骑着毛驴哼呀哼呀地走了过来，于是他就喊道："喂，吃块面包吧！"

大爷连忙从驴背上跳下来，说："谢谢您的好意。我已经吃过早饭了。"

汤姆一本正经地说："我没问你呀，我问的是毛驴。"说完，得意地一笑。

大爷以礼相待，却反遭一顿侮辱，是可忍孰不可忍？他非常气愤，可是难以责骂这个无赖。那样无赖会说："我和毛驴说话，谁叫你插嘴来着？"

经这么一想，大爷猛然地转过身子，照准毛驴脸上"啪，啪"就是两巴掌，骂道："出门时我问你城里有没有朋友，你斩钉截铁地说没有，没有朋友为什么人家会请你吃面包呢？"

"叭，叭"，对准驴屁股，又是两鞭，说："看你以后还敢不敢胡说？"

说完，翻身上驴，扬长而去。

大爷的反击力相当强。既然你以你和毛驴说话的假设来侮辱我，我就姑且承认你的假设，借教训毛驴，来嘲弄你自己建立的和毛驴的"朋友"关系，就这样给了这无赖一顿教训。

反击无理取闹的行为，不宜锋芒太露。有时，旁敲侧击，指桑骂槐，反而更见力量。这使对方无辫子可抓，只得打掉了门牙往肚子里吞，在心中暗暗叫苦。

如何面对职场上的不公平

我们常常会看到这样一些现象：没有能力的人身居高位，有能力的人怀才不遇；做事做得少或者不做事的人，拿的工资要比做事做得多的人还要高；同样的一件事情，你做好了，老板不但不表扬，还要对你鸡蛋里面挑骨头，而另外一个人把事情做砸了，还得到老板的夸赞和鼓励……诸如此类的事情，我们看了就生气，会理直气壮地说："这简直太不公平了！"

公平，这是一个很让我们受伤的词语，因为我们每个人都会觉得自己在受着不公平的待遇。事实上，这个世界上没有绝对的公平，你越想寻求百分百的公平，你就越会觉得别人对自己不公平。

美国心理学家亚当斯提出一个"公平理论"，认为职工的工作动机不仅受自己所得的绝对报酬的影响，而且还受相对报酬的影响，人们会自觉或不自觉地把自己付出的劳动与所得报酬同他人相比较，如果觉得不合理，就会产生不公平感，导致心理不平衡。

还没有进入职场之前，还在校园里"做梦"的时候，我们以为这个世界一切都是公平的。不是吗？我们可以大胆地驳斥学校里的一些不合理的规章制度，如果老师有什么不对的地方我们可以直接提出来，根本不用害怕什么。在别人眼里，你是"有个性"和"有气魄"的人。但是，进入职场之后，"人人平等"变成了下级和上级之间不可逾越的界限，"言论自由"变成了没有任何借口。如果你动不动就对公司的制度提出质疑，或者动不动就和老板理论，到头来往往是搬起石头砸自己的脚。

　　小玫原以为外企公司的人个个精明强干。谁知，自己在公司里工作了一段时间，才发现不过如此：前台秘书整天忙着搞时装秀；销售部的小张天天晚来早走，3个月了也没见他拿回一个单子；还有统计员小燕，简直就是多余，每天的工作只是统计员工的午餐成本。小玫惊叹：没想到进入了电子时代，竟还有如此的闲云野鹤！

　　那天，她去后勤部找王姐领文具，小张陪着小燕也来领。恰巧就剩下最后一个文件夹，小玫笑着抢过说："先来先得。"小燕可不高兴了，说："你刚来，哪有那么多的文件要放？"小玫不服气："你有？每天做一张报表就啥也不干了，你又有什么文件？"一听这话，小燕立即拉长了脸，王姐连忙打圆场，从小玫怀里抢过文件夹，递给了小燕。

　　小玫气哼哼地回到座位上，小张端着一杯茶悠闲地走进来："怎么了，有什么不服气的？我要是告诉你，小燕她舅舅每年给咱们公司500万的生意，你……"然后，打着呵欠走了。

　　下午，王姐给小玫送来一个新的文件夹，一个劲儿地向小玫道歉，她说她得罪不起小燕，那是老总眼里的红人；也不敢得罪小张，因为他有广泛的社会关系，不少部门都得请他帮忙呢，况且人家每年都能拿回一两个大单。

　　老板不是傻瓜，绝不会平白无故地让人白领工资，那些看似游手好闲的平庸同事，说不定担当着"救火队员"的光荣任务，关键时刻，老板还需要他们往前冲呢。所以，千万别和他们过不去。

　　对于职场上种种不公平的现象，不管你喜不喜欢，都是必须接受的现实，而且最好主动地去适应这种现实。追求公平是人类的一种理想，但正因为它是一种理想而不是现实，所以作为职场新人，你除了适应别无选择。不管你在学校成绩多么优秀，才华多么横溢，当你离开学校进入职场之后，你与其他的人并没有什么两样，只是一个普通的新人而已。

　　一味追求公平往往不会有好结果，有时候，你所知道的表象，不一定能成为你申诉的证据或理由，对此你不必愤愤不平，等你深入了解公司的运作文化，慢慢熟悉老板的行事风格后，也就能够见惯不怪了。

怎么避免上司为难自己

在工作中，由于某些原因而得罪了自己的上司是常见的事。有些上司往往会由此而在某些事情上给下属"小鞋穿"，这无疑是一种挺难受的事情。在这种情况下，我们该采取一种什么样的态度呢？如果盲目与上司大吵大闹一番，虽然会出一时之气，但可能会对你的未来发展埋下隐患。如果忍气吞声，别人就会不把你当一回事儿。因此，必须采取积极的方式应对。

首先应弄清楚上司的做法是否真是在给你"小鞋穿"。有时，由于自己对上司有意见，便总是把上司对自己的某些态度和做法往这方面想，从而采取措施和不明智的举动。实际上，很多时候，你认为上司对你怀有恶意只是一种错觉。

接下来应找出上司这样做的理由。有时上司的确是在给你"穿小鞋"，但是，他的做法往往是有理有据的，是无可指责的。在这种情况下，你很可能找不出什么理由与其争吵。即使你去闹，他也完全可以用冠冕堂皇的话来打发你，甚至以无理取闹来批评你。所以，在这种情况下，不如干脆忍着。

如果你的确有证据表明上司给你"小鞋穿"，而且，他的做法也表现得十分明显，在这种情况下，你可以与其理论一番。你不妨先私下找他谈一回，表明自己的态度和想法，希望其能够有所调整、改正，并充分地诉诸自己的理由。

如果你上述的努力均不奏效，不要气馁，看有没有调换到别的工作岗位的机会。如果没有，就只有搜集证据，越级申诉了。你在做这一切时，切记不要意气用事，要有一说一，有二说二，有理有据。

爱情和婚姻不能用公平衡量

一位年轻貌美的少妇曾向人们诉说自己五年不愉快的婚姻生活。她的丈夫是保险公司的职员，因为一句话惹她生气，她便大发雷霆地说道："你怎么可以这样说，我可是从来没有向你说过这样的话。"当他们提到孩子时，这位少妇说："那不公平，我从不在吵架时提到孩子。""你整天不在家，我却得和孩子看家。"……她在婚姻生活中处处要公平，难怪她的日子过得不愉快，整天都让公平与不公平的问题搅扰自己，却从不反省自己，或者没法改变这种不切实际的要求。如果她对此多加考虑的话，相信她的婚姻生活会大大改观。

还有一位夫人，她的丈夫有了外遇，使她感到万分伤心，并且弄不明白为什么会这样？她不断地问自己："我到底有什么错儿？我哪一点儿配不上他？"她认为丈夫对她不忠实在是太不公平。终于，她也效仿自己的丈夫有了外遇，并且认为这种报复手段可谓公平。但是，同愿望相反，她的精神痛苦并未减轻。

在婚姻生活中，要求公平是把注意力放在外界，是不肯对自己生活负责的态度，采取这个态度会妨碍你的选择。你应该决定自己的选择，不要顾忌别人。与其抱怨对方，不如积极地纠正自己的观点，把注意力由配偶转向自身，舍去"他能那么做，我为什么不能跟他一样"的愚蠢想法，看看你自己怎样做，才可能使自己的婚姻生活更幸福。

其实，无论爱情还是婚姻，都别计较什么公平不公平。

"为什么是我？"一位得知自己身患癌症的病人对大师哭诉，"我的事业才正要起步，孩子又还小，为什么会在此时得这种病？"

大师说："生命中似乎没有任何人、任何时候适合发生任何不幸，不是吗？"

"但是，她还那么年轻，而且人又那么善良，怎么会这样？"一旁陪她来的朋友不平地说。

"雨落在好人身上，也落在坏人身上。"大师说，"有些好人甚至比坏人淋更多的雨。"

"为什么？"

"因为坏人偷走了好人的伞。"大师答道。

没错，人生本来就不公平。

如果世界上每件事都公平，为什么有些人从小就智商超群，有些人却有智力障碍？为什么有人生下来就是王子，有些人却生在难民营？

如果世界上每件事都要公平，鸟儿不能吃虫，老鹰也不能吃鸟，那么生命将如何延续下去？

第三章
接受那些你所不能改变的

　　人作为万物之灵，其中有一项重要的本领：改变你所不能接受的。但与此同时，还需要一件法宝：接受你所不能改变的。这绝非文字游戏，而是两句非常具有哲理的睿智之语。

　　哲学家叔本华提醒世人说："一种适当的认命，是人生旅程中最重要的准备。"

躲不开就试着接受它

罗君上班时，遇上一场突如其来的雨，被雨淋湿了衣服。出门时明明是晴朗的天，怎么就下雨了呢?! 罗君进了办公室时，恨恨地诅咒"鬼天气"。

刚诅咒完天气，电话就响了。接起电话，是老客户张先生的声音。张先生向他咨询某些产品的问题。因为心情不好，罗君随便应付了几句就挂了电话。

几天之后，罗君得知他的老客户张先生在其他公司购买了一批产品。仔细回想，才发现是自己淋雨的那天怠慢了客户。罗君因而心情沮丧，下班回到家里，因一点儿琐事把妻子斥责了一顿，弄得她哭哭啼啼地回娘家。不料，半路上妻子被车撞了，断了三根肋骨进了医院。

一场雨，使我遭受了这么大的损失！都怪那个鬼天气！不知道那个鬼天气还会给我带来什么糟糕事情！——罗君风风火火地跑在去医院的路上，这样自言自语。

要我说，这些事情都与那场雨没有关系。罗君不改变这种思维模式，那场"雨后综合征"还会纠缠上他。

下雨就下雨，哪里的天空不下雨——天要下雨，人是没有多大办法的。只是，不要让雨淋湿了灵魂就行了。因为一件不称心的事，就傻傻地让它影响着情绪，再在这种负面情绪的支配之下，做出一系列的蠢事，进而使糟糕扩大，导致情绪更糟糕……如此循环，真是傻得可以！

比尔在一家汽车公司上班。很不幸，一次机器故障导致他的右眼被击伤，抢救后还是没有保住，医生摘除了他的右眼球。

比尔原本是一个十分乐观的人，但现在却成了一个沉默寡言的人。他害怕上街，因为总有那么多人看他的眼睛。

他的休假一次次被延长，妻子苔丝负担起了家庭的所有开支，而且她在晚上又兼了一个职，她很在乎这个家，她爱着自己的丈夫，想让全家过得和以前一样。苔丝认为丈夫心中的阴影总会消除的，那只是时间问题。

但糟糕的是，比尔另一只眼睛的视力也受到了影响。比尔在一个阳光灿烂的早晨，问妻子谁在院子里踢球时，苔丝惊讶地看着丈夫和正在踢球的儿子。在以前，儿子即使在更远的地方，他也能看到。

苔丝什么也没有说，只是走近丈夫，轻轻抱住他的头。

比尔说："亲爱的，我知道以后会发生什么，我已经意识到了。"

苔丝的泪就流下来了。

其实，苔丝早就知道这种后果，只是她怕丈夫受不了打击要求医生不要告诉他。

比尔知道自己要失明后，反而镇静多了，连苔丝自己也感到奇怪。

苔丝知道比尔能见到光明的日子已经不多了，她想为丈夫留下点什么。她每天把自己和儿子打扮得漂漂亮亮的，还经常去美容院，在比尔面前，无论她心里多么悲伤，她总是努力微笑。

几个月后，比尔说："苔丝，我发现你新买的套裙变旧了!"

苔丝说："是吗?"

她奔到一个他看不到的角落，低声哭了。她那件套裙的颜色在太阳底下绚丽夺目。

苔丝想，还能为丈夫留下什么呢？

第二天，家里来了一个油漆匠，苔丝想把家具和墙壁粉刷一遍，让比尔的心中永远是一个新家。

油漆匠工作很认真，一边干活还一边吹着口哨。干了一个星期，终于把所有的家具和墙壁刷好了，他也知道了比尔的情况。

油漆匠对比尔说："对不起，我干得很慢。"

比尔说："你天天那么开心，我也为此感到高兴。"

算工钱的时候，油漆匠少算了100美元。

苔丝和比尔说："你少算了工钱。"

油漆匠说："我已经多拿了，一个等待失明的人还那么平静，你告诉了我什么叫勇气。"

但比尔却坚持要多给油漆匠100美元，比尔说："我也知道了，原来残疾人也可以自食其力，生活得很快乐。"

油漆匠只有一只手。

奥里森·马登在他所著的《高贵的个性》一书中这样说："我们需要承担一种责任，那就是总是保持快乐的心态，没有其他责任比这更为重要了——保持快乐的心态，我们就为世界带来了很大的利益，而这些利益我们自己甚至还不知道。"

痛苦境遇是人格的养料

李哲垂头丧气地走进一座庙里，向大师倾诉他一生不幸的遭遇："我经历无数的失败，早年求学时，没有一次考试能够顺利过关；踏入社会，经营许多生意，皆是以负债收场；然后四处求职碰壁，就算有一份工作，也是没能做多久，就被老板开除；现在，连自己的老婆也忍受不了我，要求跟我离婚……"

大师问："那么，你现在想怎么样呢？"

李哲万念俱灰地回答："我此刻只想一死了之。"

大师："你有没有小孩？"

李哲："有呀，那又怎么样？"

大师笑了笑："还记得你是怎么教你的小孩走路的吗？从他第一次双手离开地面，颤颤巍巍地站起身来，是不是所有家人都会为他喝彩，为他鼓掌？"李哲似有所悟："嗯，是的——"大师继续道："然后孩子很快又跌倒了，你是不是轻轻扶起他，告诉他'没关系，再试试看，你会走得很好的！'"

李哲的语气坚定了些："对，我会帮他。"

大师："孩子走路跌跌撞撞的，经过无数次的练习，还是走得不稳。你会不会失去耐心，告诉他，最后再给你三次机会，如果再学不会走路，以后终生都不准再给我走路了，干脆我买个电动椅给你。"

李哲："不会，我会再帮助他、鼓励他，因为我相信，孩子一定能学会走路的！"

大师："那就对了，你才跌倒过几次，就想坐轮椅了？"

李哲抗议道："可是，小孩子有人协助他，提携他，而我……"

大师："真正能帮助你、鼓励你的人是谁，此刻你还不知道吗？"

李哲想了想，朝大师重重地点了点头，昂首阔步地走了。

大部分人都忽略了这一点，山谷的最低点正是山的起点，许多跌落山谷的人之所以走不出来，正因为他们花太多时间自艾自怜，而忘了留点儿精力走出去。

对于人生，可以确定的是，每个人都曾遇到过令人难以应付、甚至感觉无从下手的困境，有些人会利用人生的困境使自己成长，也有些人会在困境中潦倒一生。决定两者之间的差异是他们不同的看待人生的方式。

有一句意大利谚语："即使水果成熟前，味道也是苦的。"苦涩的感觉是人们成长与内心挣扎必然的一部分，我们可能常常这样自语："为什么是我呢？我已经够努力了，但命运总是与我作对，这太不公平了。"有谁没有过这种感觉呢？然而，如果你任由自己陷于怨恨与绝望，你就永远无法在人格上成熟起来，成长亦无从发生。痛苦的境遇就像是撒落在自我田野上的肥料一样，可以促进自我的成长。田野中的禾苗，就是因为施肥而能够更苗壮地生长。

我们的人性并非一开始就发展得很完全。相反的，它是经过日常生活的竞争和挑战之后才日臻完善的，就像一块铁在铁匠的炉火中经过千锤百炼才能成形。

困境如火，烧过的草原，倔强的小草在来年春天会在灰烬中重生，并且因灰烬的滋养而更加茂盛。

没有什么大不了的

失恋了，有人会说"没有什么比现在更糟糕的了"；被炒鱿鱼了，有人会说"没有什么比现在更糟糕的了"；甚至不慎丢失了一部手机，也会有人说"没有什么比现在更糟糕的了"。事实真的是这样吗？

你现在不妨仔细想想，从小至今从你的口里或心里说过了多少次"没有什么比现在更糟糕"？——儿童时失手打碎了邻居家的花瓶，少年时考试未及格，年轻时和初恋分手……这些类似的事情，在当时你的眼里也许都是一件件糟糕透顶的事。你为此焦虑、悲伤，甚至痛不欲生。时过境迁，你还会认为那些事情"糟糕透顶"吗？

5岁那年的一天，我到一间无人住的破庙里去玩。当我爬到高高的窗台掏鸟窝时，竟发现鸟窝中盘着一条吐着红信子的蛇。我吓得从窗台上掉了下来，将手臂摔断，还失去了左手的一根小指。

我当时吓呆了，以为这一辈子就这样完了。但是后来身体痊愈，也就再没为这事儿烦恼。现在，我几乎意识不到左手只有四根手指。

几年前，我在广州遇到一个开电梯的工人，他在事故中失去了左臂。我问他是否感到不便，他说："只有在缝针的时候才感觉到。"

别以为我们只有在年少时才会把"芝麻大"的事儿当成天大的事情。成年人也经常会自我夸大失败和失望，以为那些事都非常要紧，以至于每次都好像到了生死的关头。然而，许多年过去后，回头一看，我们自己也会忍不住笑自己，为什么当初竟把小事看得那么重要呢？时间是治疗挫折感的方式之一，只有学会积极地面对困境，才能避免漫长而痛苦的恢复过程，并且能使这个过程变成一段享受的时光。

在一个寺庙里，每天总会有几个前来向禅师诉苦的人。他们不是怨叹自己时运不济，就是抱怨某人怎么对不起他们。有位弟子便好奇地问禅师："为什么这些人会有那么多问题呢？"

"因为他们没什么大问题。"为了进一步释疑，禅师讲了一个故事——

有只狗坐在门廊前不断呻吟，经过的路人就问门廊里的人，这只狗是怎么回事，为什么会这样呢？

"因为它压在自己脚趾上了。"那人回答。

"哦，那么它为什么不站起来呢？"路人再问。

"因为它还不觉得太痛。"

禅师接着说："一个人会有那么多抱怨，是因为他还有时间抱怨；一个人为小事烦恼，是因为他没有更大的烦恼。试想，一个连饭都没得吃的人，会去为了上哪家餐厅而烦恼吗？"

"噢，"弟子心领神会地说，"原来如此，有那么多问题的人，竟是因为他们还没什么大问题。"

当我们遭遇难题的时候，我们常会将它过分扩大，并将所有的精力和焦点都放在这个障碍上。想想看，我们的境遇真的有这么糟吗？我们只有在不是最糟时，才会有时间去抱怨诉苦，不是吗？就算事情已经糟糕透顶，那表示情况只要努力去改变，就会变得更好，那又有什么好自艾自怜的呢？

允许别人记住你的失败

一天，里奥教授来到在比利时首都布鲁塞尔南郊的滑铁卢镇，参观名叫狮子丘的名胜。狮子丘是为纪念 1815 年战役而建的，英国威灵顿公爵指挥英国、荷兰、比利时、普鲁士联军，击败了拿破仑率领的法国军队，彻底终结了拿破仑的政治生涯。此后拿破仑被放逐到比第一次流放地更遥远的南大西洋上的圣赫勒拿岛，并在那岛上郁郁而终。

狮子丘旁边有个纪念馆，馆内绘有此次战役拿破仑惨败的环形壁画，作者是法国画家路易·杜墨兰。

里奥问同游的法国朋友瓦尼克："你在这地方是不是多少有些不自在？"

他耸耸肩反问："为什么？"

里奥说："这杜墨兰也怪，这么投入地画本国英雄失败的情景，他就没一点儿心理障碍？"

瓦尼克说："人们应该而且必须能够接受失败的事实。在巴黎蜡像馆，有拿破仑被囚圣赫勒拿岛的场面，看着比这个更惊心动魄，回巴黎我带你去欣赏。"

说着他们进入纪念品商店，只见到处是拿破仑的形象，有一种圆币形的铜制裁纸刀，那圆币一面是拿破仑戎装侧面像，还铸出他的名字。

瓦尼克建议里奥买些拿破仑像的裁纸刀，回去送朋友。里奥说："在这地方应该买有威灵顿像的裁纸刀。"可是他找了半天竟没有。

在巴黎，关于拿破仑的文物很多，在有着镏金圆拱顶的伤残军人荣耀院里，拿破仑的大理石棺尤其令人过目难忘。一面铸着拿破仑像一面铸着巴黎铁塔等标志性建筑的圆币形铜制裁纸刀，大批量生产出来，陈列在几乎每一家旅游纪念品商店和摊铺上，销售很火。书店里有无数关于拿破仑的旧书新著，而关于拿破仑的电影戏剧，累计下来数字更是惊人，其中不乏从批评嘲讽的角度来表现他的。后来瓦尼克果然带里奥去了蜡像馆，放逐中的拿破仑面对小窗外的茫茫大海，一脸的绝望，塑像者刻意用英雄末路的惨相来刺激参观者的神经。

英国的评论协会和伦敦大学文学院邀里奥去讲文学课，他去购买从巴黎穿过海底隧道直达伦敦的高速火车票，这才知道伦敦的那个终点站特意取名为滑铁卢站。这条隧道快线既是法、英两国合造，怎么到头来那么别有用心地给英国一头的车站取那个名字？而更不可思议的是，法国人怎么到头来竟容忍了这一命名？里奥请教瓦尼克，瓦尼克心平气和地说："那有什么关系？失败过就是失败过，要容许人家总在提醒你曾经失败过。"

是啊，当失败成为不可更改的历史，我们还有什么理由将其背负在身上不肯放下，让失败来一再压迫自己？

美国南北战争期间，南联邦军事天才李将军英勇善战，屡建奇功，是南方人的宠星。那场战争最后以南方失败而告终，然而投降后的李将军却赢得了更多美国人的爱戴。

李将军生于南方的弗吉尼亚州，他内心里并不拥护南联盟的黑奴制度，在致一位朋友的信中写道："尽管人们很少认识到黑奴制度在政治、道德上是邪恶的，但我认为它的存在将给白人带来比黑人更多的灾难。"为什么他辞去在美军中的显赫职务而去为短命的南方奴隶主而战呢？理由是：他属于弗吉尼亚，当外乡人去入侵他的故土时，他必须毫不迟疑地去保卫她。也许人们很难对此表示赞同，但很少有人忍心责备他的"愚忠"。

战争结束了，在阿波马格斯，李将军代表南联邦签字投降的仪式完毕后，将军心如铅灌，无言地离开了。战火蹂躏的南方，满目疮痍，身有残疾的妻子和两个女儿等着将军去供养。身为一个杰出的军事天才，南方却再无部队可指挥。

将军回了家，他穿着战场上磨破了的戎装，人和战马泥迹斑斑。他避开公共场合成千上万爱戴他的人群，默默接受了华盛顿学院院长的职务。当时的华盛顿学院鲜为人知，除了2000美元联邦拨款外，只有146名学生每人75美元的学费可指望。处在绝境中的学院因李将军的到来而开始有了起色。月薪125美元的李将军，在他的破房子里制定着新的战略。他改进传统呆板的教学方式，加进化学、物理等自然科学类课程，甚至还设了新闻课，这在当时是创举，比后来教育家终于想到设新闻课提前了40年。

李将军没把一分钟、一份力用于沮丧。他把南方人从羞辱中拉了出来，又投入了复兴家园的努力。许多不服气的南方兵要进山打游击和北方佬作对，向将军讨计。他说："回家去，小子们，把毁灭的家园建起来。"他曾告诉惊奇不解的人们："将军的使命不单在于把年轻人送上战场作战，更重要的是去教会他们如何实现人生的价值。"

不能流泪，就微笑

"将盐撒在伤口上只会让你愈加疼痛。"一位心理专家对一个因失恋而痛苦的年轻人说。

"但，我就是忘不了啊！"

"如果伤害已经发生，最好把它放下，就不会在痛苦的伤口上加上任何东西。"

如果伤害已经造成，那就别再揭了。你若老是自己去揭，不仅不利于康复，还有造成严重感染的可能。

谁会在自己的伤口上撒盐呢？记忆也许会存在，但伤痛却可以忘怀。就像身上的疤痕一样，虽然在刚受伤的时候会流血和痛楚万分，但是当伤口痊愈后，伤痛就会消失，而疤痕反而让人更加坚强。

有位妇人因为孩子意外身故而痛不欲生，终日以泪洗面，亲友怎么安慰她、劝她都无动于衷。

有一天，妇人睡着时做了一个梦，梦见她到了天堂，在那里，所有的小孩都像天使一样，手持点燃的蜡烛行进着，但她看见行列中有一位小女孩持的是没有烛火的蜡烛。

于是她跑向这位小女孩，当她接近一看，发现那竟是她的女儿。她问她："亲爱的！怎么只有你的蜡烛是熄灭的呢？"

她说："妈妈，他们把我手中的蜡烛点燃，但你的眼泪却一再地将它浇灭。"

当我们失去珍爱的人时，都会感到心痛，这是人之常情。但是生者的悲痛往往使死者留恋不舍，反而给死者带来更多的痛苦，为什么不让他们带着祝福、安心平静地离去？

　　其实，每个人的生命都是独立的个体，都有自己的路要走。既然我们从来就不曾拥有过别人，那么在他们离去之时，我们也就不算是失去了。

　　对人的道理如此，对物的道理又何尝不是？想开些、放下来，这是一种人类勇敢而又高贵的品质。

　　在美国艾奥瓦州的一座山丘上，有一间特殊的房子。这间房子完全密封，除了建筑用材是钢和玻璃外，其他材料和室内用品都是纯天然物质，绝对不含任何现代化工材料。就是住在里面的人需要的氧气，也不是通过空气直接获得，而是依靠人工过滤后灌注进去。总之，人住进去之后，就与外界完全隔离，除非通过电话或网络与外界联系。

　　也许读者会以为这间房子是供科学家做试验用的，但实际上，这间房子是给人居住的，给一个特殊的人居住。住在这间房子里的主人叫辛蒂。1985 年，辛蒂还在医科大学念书，有一次，她到山上散步，碰到一些蚜虫。她拿起杀虫剂喷杀，这时，她突然感觉到一阵痉挛，原以为那只是暂时的症状，谁料到自己的后半生从此变为一场噩梦。

　　原来，这种杀虫剂内所含的某种化学物质，使辛蒂的免疫系统遭到破坏。从此，她对香水、洗发水以及日常生活中接触的一切化学物质一律过敏，连空气中的微弱含量也可能使她的支气管发炎。这种"多重化学物质过敏症"是一种奇怪的慢性病，到目前为止仍无药可医。

　　在患病后，辛蒂一直流口水，尿液变成绿色，有毒的汗水刺激背部形成了一块块疤痕。与任何一种日用品的接触，都可能引发她心悸和四肢抽搐，辛蒂所承受的痛简直是令人难以想象的。1989年，她的丈夫吉姆用钢和玻璃为她盖了一所"无毒"房间，一个足以逃避所有威胁的"世外桃源"。辛蒂所有吃的、喝的都得经过选择与处理，她平时只能喝蒸馏水，食物中不能含有任何非天然的化学成分。

多年来，辛蒂没有见到过一棵花草，听不见一声鸟鸣与泉水声，感觉不到阳光、流水和风的快慰。她躲在没有任何饰物的小屋子里，饱尝孤独之苦。更可怕的是，无论怎样难受，她都不能哭泣，因为她的眼泪跟汗液一样也是有毒的物质。

在最初进入房间与世隔绝的一段时间里，辛蒂每天都沉浸在痛苦之中，想哭却不敢哭。随着时间的推移，她渐渐改变了生活的态度，她说："在这寂静的世界里，我感到很充实。因为我不能流泪，所以我选择了微笑。"

为了让自己充实起来，辛蒂投入了为自己，同时更为所有化学污染物的牺牲者争取权益的工作之中。辛蒂生病后的第二年就创立了"环境接触研究网"，以便为那些致力于此类病症研究的人士提供一个窗口。1994年辛蒂又与另一组织合作，创建了"化学物质伤害资讯网"以免人们受到化学品的危害。目前这一资讯网已有5000多名来自32个国家的会员，不仅发行了刊物，还得到美国上议院、欧盟及联合国的大力支持。

当巨大的灾难从天而降，人固然可以努力闪挪腾移以规避。就算规避不了，也可以选择直面相对，奋起抗争。如果抗争不了，我们就承受它。而要是承受不了，就哭泣流泪。可是啊，如果上天告诉你：你连流泪也不行；那么你的选择又将是怎样？

——绝望、放弃是吗？不，你可以像辛蒂一样：不能流泪，那就微笑！

最坏不过是从头再来

在大山深处的一个村寨里，住着一位以砍柴为生的樵夫。樵夫的房子很破败，为了拥有一所亮堂的房子，樵夫每天早起晚归。五年之后，他终于盖了一所比较满意的房子。

有一天，这个樵夫从集市上卖柴回家，发现自己的房子火光冲天。他的房子失火了，左邻右舍正在帮忙救火。但火借风势，越烧越旺，最后，大家终于无能为力，放弃了救火。

大火终于将樵夫的新房子化为灰烬。在袅袅的余烟中，樵夫手里拿了一根棍子，在废墟中仔细翻寻。围观的邻居以为他在找什么值钱物件，好奇地在一旁注视着他的举动。过了半晌，樵夫终于兴奋地叫着："找到了！找到了！"

邻人纷纷向前一探究竟，只见樵夫手里捧着的是一把没有木把的斧头。樵夫大声地说：　"只要有这柄斧头，我就可以再建一个家。"

当一切已经化为灰烬，只要你的梦想还在，激情还在，斗志还在，又有什么值得过度悲伤与气馁的呢？与其终日痛哭悔恨，不如放眼未来，从头再来。我们每个人都不会真正地输得精光。在无情的大火吞噬了我们的一切时，别忘了我们还有一把斧头。再退一步说，即使没有斧头，我们不是还有自己吗？

只要人在，我们可以从头再来！曾国藩率领湘军出征初期，屡战屡败，在岳州（湖南岳阳）一役，水师几乎被太平军全歼。但他偏不信邪、不服输、不气馁，虽屡战屡败，仍屡败屡战。后来的结果，相信我们大家都知道，曾国藩取得了胜利。在 42 岁那年，曾国藩被封为一等毅勇侯，可谓达到人生的巅峰。

　　在年轻人今后的道路上，失败、挫折是一定会存在的。当你被击倒在地时，请告诉自己：成功的人不是没有被击倒过，只不过是他们站起的次数比倒下的次数多一次。

　　心若在，梦就在，天地之间还有真爱；

　　看成败，人生豪迈，只不过是从头再来！

第四章
不生气，你就赢了

生气是拿别人的错误惩罚自己。

　　　　　　　　　　——康德（德国哲学家、作家）

　　在你生气的时候，如果你要讲话，先从一数到十；假如你非常愤怒，那就先数到一百，然后再讲话。

　　　　　　　　　　——杰斐逊（美国政治家、思想家）

及时平息自己的怒气

人生难免遇到不如意的事情。许多人遇到不如意的事时常常会生气：生怨气、生闷气、生闲气、生怒气。殊不知，生气不但不利于问题的解决，反而会伤害感情，弄僵关系，使本来不如意的事更加不如意，犹如雪上加霜。更严重的是，生气极有害于身心健康，简直是自己"摧残"自己。

德国哲学家康德说："生气，是拿别人的错误惩罚自己。"古希腊学者伊索说："人需要平和，不要过度地生气，因为愤怒中常会产生出对于易怒的人的重大灾祸来。"俄国作家托尔斯泰说："愤怒使别人遭殃，但受害最大的却是自己。"清末文人阎敬铭先生写过一首《不气歌》，颇为幽默风趣：

> 他人气我我不气，我本无心他来气。
> 倘若生气中他计，气出病来无人替。
> 请来医生将病治，反说气病治非易。
> 气之危害大可惧，诚恐因气将命废。
> 我今尝过气中味，不气不气真不气！

美国生理学家爱尔马为研究生气对人健康的影响进行了一个很简单的实验：把一支玻璃试管插在有水的容器里，然后收集人们在不同情绪状态下冷凝的"气水"，结果发现：即使是同一个人，当他心平气和时，所呼出的气变成水后，澄清透明，一无杂色；悲痛时的"气水"有白色沉淀物；悔恨时有淡绿色沉淀物，生气时则有痛淡紫色沉淀物。

爱尔马把人生气时的"气水"注射在小白鼠身上，不料只过了几分钟，小白鼠就死了。这位专家进而分析：如果一个人生气10分钟，其所耗费的精力，不亚于参加一次3000米的赛跑；人生气时，体内会合成一些有毒性的分泌物。经常生气的人无法保持心理平衡，自然难以健康长寿，活活气死人的现象也并不罕见。另一位美国心理学家斯通博士，经过实验研究表明：如果一个人遇上高兴的事，其后两天内，他的免疫能力会明显增强；如果一个人遇到了生气的事，其免疫功能则会明显降低。

生气既然不利于建立和谐的人际关系，也极有害于自己的身心健康，那么，我们就应当学会控制自己，尽量做到不生气，万一碰上生气的事，要提高心理承受能力，自己给自己"消气"。要学会息怒，要"提醒"和"警告"自己"万万不可生气""这事不值得生气""生气是自己惩罚自己"，使情绪得到缓冲，心理得到放松。

应把生气消灭在萌芽状态。要认识到容易生气是自己很大的不足和弱点，千万不可认为生气是"正直""坦率"的表现，甚至是值得炫耀的"豪放"。那样就会放纵自己，真有生不完的气，害人害己，遗患无穷。

最后，我们再附上《莫生气》及《莫恼歌》两则，请读者朋友熟读默记，定能对平和身性有潜移默化之功效。

莫生气

人生就像一场戏，因为有缘才相聚。

相扶到老不容易，是否更该去珍惜。

为了小事发脾气，回头想想又何必。

别人生气我不气，气出病来无人替。

我若气死谁如意？况且伤神又费力。
邻居亲朋不要比，儿孙琐事由他去。
吃苦享乐在一起，神仙羡慕好伴侣。

莫恼歌

莫要恼，莫要恼，烦恼之人容易老。
世间万事怎能全，可叹痴人愁不了。
任你富贵与王侯，年年处处理荒草。
放着快活不会享，何苦自己寻烦恼。
莫要恼，莫要恼，明月阴晴尚难保。
双亲膝下俱承欢，一家大小都和好。
粗布衣，菜饭饱，这个快活哪里讨？
富贵荣华眼前花，何苦自己讨烦恼。

心情最重要，别的死不了

已故作家金庸先生说：不生气，就赢了。遇事，谁稳到最后、不露声色，谁就是最后的赢家；谁大发雷霆、失去理智，谁就会未战而输。

生气，无论是生自己的气还是生别人的气，都是于事无补、毫无意义的。生气并不能解决任何问题，还会影响心情和判断力，让事情更加恶化。

前两天跟一个朋友吃饭，他一开口，负面情绪就扑面而来。

他说："真是被气死了！那天一早开车出门，眼看着别人都是绿灯，就只有我是一路长红，走到哪儿红灯就跟到哪儿，真是够倒霉的！"

他继续说："中午出去买自助餐，结果大排长龙，好不容易快轮到我了，这时居然有个人冒出来插队，公理何在？于是我站出来，跟他干了一架。"

他还没说完："晚上跟朋友吃饭，吃完后要拿停车券去盖免费章，结果服务员说我们少消费了四十元，因此不能盖章，气得我当场敲桌子大骂。"

他说了半天还没说完。

"晚上回到家，一进门太太就唠叨，小孩又哭又叫，连在家也不能清静。好不容易挨到睡觉时间，终于可以结束这令人难耐的一天，没想到人躺床上了，床头柜的灯却熄不灭，我这下可是受够了，一把抓起拖鞋，往灯泡那儿重重甩去，这才结束了抓狂的一天。"

听起来的确够惨！

不知道你是不是也觉得，最近比较烦、比较烦、比较烦呢，就像周华健那首歌的心情一般。而且只要一早开始不太顺心的话，往往接下来一天就毁了。为什么会如此呢？

这是因为，负面情绪是有累加效果的。

也就是说，每多一个小挫折，就会让我们的抗压功力多打一个折扣。因为当我们遭遇不顺心的事，心情也跟着烦躁起来时，身体内与压力相关的激素也会随之异常分泌，因此会影响到接下来的挫折忍受度，就好像温度直线上升的热水，越烧越接近沸腾点。

这也就说明了为何一大早出了些状况后，原本可能要到"烦人指数"十分的事才会惹毛我们，但这时只要再出现个"烦人指数"三分的状况，我们就会轰然一声，开始发疯，而无辜的旁人就倒霉啦！

正因情绪有如煮开水的累加效果，所以在生活中我们必须审慎处理每一个压力状况，以免"小不爽，则乱大谋"。

而改变这种状况的有效做法，则是在负面心情一开始加热时，就能主动地意识到"有状况了"，然后告诉自己，得快快关火，以免越烧越旺，一发不可收拾。

事实上，当你能够觉察到这种状况时，就已经关掉一半的火力了，接下来心情自然不易失控。

为了避免让烦躁的情绪像煮开水那样越煮越热，防患未来的工作就显得特别重要。

不妨准备一些调整心情的口头禅，在自己情绪快要沸腾时，赶快把这些自制的心情口诀拿出来复诵，以提醒自己：生活中还有其他更重要的事情，千万别一时给气昏了头，做出丧心病狂的傻事。

跟你分享我自己的心情口诀："心情最重要，别的死不了。"

"心情最重要，别的死不了。"如果今天碰到了有些怪怪的人，或发生了令人不耐烦的事，就赶紧在心里暗念这句口诀，重复几次之后，烦躁不安的情绪就能得到缓解了。

口诀真的这么好用吗？

没错，念口诀一方面可以让自己分心，不再钻牛角尖；一方面也能提醒自己，要赶快从这些情绪中走出来。

此外，研究也发现，重复想着同一念头，会让意念集中而减少焦虑不安。

何必自己找气受

我们生活中有这样一群人，明明什么事都没有发生，却很容易生气。动不动就发脾气，让人很莫名其妙，你是不是那样的人呢？

也许你经常感到愤怒，也许你对周围的每一个人都有些无奈，有时你的愤怒就像一场海啸，但你不知道为什么会有这种感觉，你不知道为什么这么紧张。那这种无法解释的愤怒是从何而来的？

一般来说，有如下几类人容易无事生非、庸人自扰。

满腹牢骚型：这样的人无论大事小事，都放在嘴巴里说了又说，抱怨了又抱怨，批评了又批评，小题大做，没完没了。无论对待事情还是对待别人，从来没有鼓励和赞扬的态度，其烦恼自然根深蒂固。

消极处世型：这种类型的人，对于好的东西他们总是记不住，不好的东西却一辈子也忘不了。他们总是陷在负面情绪里拔不出来，想着自己受了多少委屈，吃了多少亏，谁对自己不友好，这样的人其实就是跟自己过不去，完全是在自寻烦恼。

不甘不愿型：这种类型的人，他们为别人付出了很多，如果得不到回应，就会又气愤又烦恼。比如，妻子在家里承担了很多家务劳动，可是老公和孩子没有任何表示，妻子就很不平："你们都那么自私，没有一个人心疼我，都把我当作老妈子看待！"长此以往，你说，她能不烦恼吗？

无论你是谁，平民也好，富豪也好，大多很难有"人生只是一个过程，有得必有失"这种高境界的认识，因为人毕竟都是现实的、平凡的，很少有不食人间烟火的世外高人，即使不自寻烦恼，烦恼也会找上你。正因为这样，我们才更要学会化解和淡化烦恼。

首先，敢于接受现实。对于已经发生的、令你不开心的事情，要敢于接受，不要总是耿耿于怀，更不要责备自己和他人。聪明人的做法是把精力放在弥补损失和吸取教训上，及时制止烦恼的无限扩大化。

其次，要善于比较。比如发生一起车祸，有安然无恙的，有受伤的，有死亡的。伤者若是与无恙者相比，自是不幸，但若与死者相比，却是大幸。在金钱世界里，若是人人与比尔·盖茨相比，那真是烦恼无尽，苦海无边。因此，人要做最真实的自己，定切合实际的目标。

再次，要知足常乐。人的能力是有限的，如果总是对自己高标准严要求，难免活得太累。很多东西要适可而止，很多时候要懂得感恩，才能把人生过得相对美满。

最后，相信时间是最好的解药。遇到烦恼，不要总是铭刻在心。试想一下，若某人不小心当街出丑，众目睽睽，尴尬万分，心中无以承受。那么，到了明天、后天，一周后，一月后，还有人记得这件事吗？所以，时间是最好的解药，遇事笑笑就好，自有时间替你解围。

凡事往好处想

有这样一个家长与孩子互动的游戏——"凡事往好处想"。

妈妈问："今天上学时，你发现口袋里的十元钱不见了，请往好处想……"

孩子回答："还好不见的不是一百元……"

父亲回答："捡到的人一定很高兴……"

妈妈问："今天上学后开始下起大雨，请往好处想……"

孩子回答："还好舅舅家住的近，可以帮我送伞……"

妈妈问："很用功的准备期中考试，结果成绩非常的不理想，请往好处想……"

孩子回答："还好不是期末考试……"

这个游戏很有趣，凡事往好处想，整个心情就变得不一样了。记得有个故事，一个女孩遗失了一只心爱的手表，一直闷闷不乐，茶不思、饭不想，甚至因此而生病了。神父来探病时问她："如果有一天你不小心掉了十万元钱，你会不会再大意遗失另外二十万呢！"女孩回答："当然不会。"神父又说："那你为何要让自己在掉了一只手表之后，又丢掉了两个礼拜的快乐！甚至还赔上了两个礼拜的健康呢！"女孩如大梦初醒，跳下床来，说："对！我拒绝继续损失下去，从现在开始我要想办法，再赚回一只手表。"人生嘛，本来就是有输有赢，更是有挑战性的，输了又何妨。只要真真切切地为自己而活，这才叫作真正的生命。有些人就是因为不肯接受事实重新开始，以致越输越多，终至不可收拾。

凡事往好处想——

我们不会怨天尤人；

我们不会心情郁闷；

我们不会一蹶不振；

我们不会苦无出路；

我们不会离乐得苦；

我们会有无限希望；

我们有重新站起来的力量。

这真的是一个很好的观念，这个游戏或许大家真可以用在生活中，道理不在懂不懂，只在做不做，改变就从此刻开始！

人的心情是最重要的，想多了不好的事，就会真的不好。

别人是自己心的反映。如果你担心他对你不利，真的会对你不利。如果你想到对方是小偷，你的面相出来一个扭曲的怀疑的样子，然后对方看见了，敏感了，关系不好了，所以——不要老想别人对你不利。

我们在平凡的生活中总在梦想"明天会更好"，我们在面临困境时会安慰自己"船到桥头自然直"，我们在鼓励他人时会说"凡事要往好处想"。

凡事都向好的方面着想，是一种积极进取的人生态度。在市场经济竞争日益激烈的形势下，每个人都面临挑战，但更多的是机遇。向好的方面着想，就是弱化挑战、放大机遇，以饱满的精神迎接机遇、把握机遇。只有这样，成功的概率才会增大。

《鲁滨逊漂流记》里面的主人公鲁滨逊·克鲁索，被海浪带到一个荒无人烟的小岛上，度过了漫长的二十六年。

鲁滨逊被送到小岛上的第一天，他列出了两份清单，一份列出自己的不幸以及面对的困难，另一份是列出自己的幸运以及拥有的东西。他在第一份清单上写了"流落荒岛，摆脱困境已属无望"。第二份清单上写：船上人员，除了我以外全部葬身海底。鲁滨逊利用一切，改变了自己的命运，利用枪、陷阱捕捉猎物，自己搭建房子，这些奇迹般的生活让鲁滨逊不至于饿死，这些生活的起因都是那两份清单。

大家也可以像鲁滨逊一样，在日常生活中，面对问题时，可以先列两份清单，写一写自己所拥有，是否命运真的如此不公；再仔细琢磨一下，面对的问题是否有解决的方法，如果有多种，就选自己认为最合适的方法去做。

凡事向好的方面着想并不是盲目乐观，而是科学地对待困难和挑战，从挫折和挑战中寻找人生突围的缺口和良机。仔细审视我们周围普通人的生活和成长、成功经历，不难发现，许多人的生活印证了这一事实：只要踏踏实实生活，正视现实、不甘沉沦、努力向前，任何困难都会被战胜，任何逆境都会过去！

化生气为争气

俗话说："人争一口气，佛争一炷香。"每个人都希望受人重视、受人尊重、受人欢迎，但有时又难免被人嘲弄、被人侮辱、被人排挤。生活在给了我们快乐的同时，也给了我们伤痛的体验。而这就是生活，这就是我们需要面对的人生。生气不如争气，斗气不如斗志。智者只斗志不斗气，或者是不与人斗，只跟自己斗。

"人生不如意事十之八九。"当你在为梦想而努力时，也许会遇到困难。如果你斤斤计较，不能坦然面对，或抱怨，或生气，最终受伤害的可能还是自己。

要争气，就要有坚决为自己争一口气的毅力和气概。与其总生别人的气，不如学会自己争一口气。起点低，就要"高"给自己看看；事不顺，就要"顺"给自己看看。

有一位不出名的青年画家，住在一间小房子里，以给别人画人像谋生。

一天，一个有钱人看到他的画非常精致，很喜欢，于是就请青年画家帮自己画一幅像，双方约好酬劳是一万元。一个星期后，青年画家将像画好了，有钱人依约前来拿画。此时有钱人心里有了企图，他看那位画家年轻又未成名，于是不肯按照原先的约定给付酬金。有钱人心中打着如意算盘："画中的人是我，这幅画如果我不买，那么绝没有人会买。我又何必花那么多钱来买呢？"于是有钱人赖账，他说最多只能花三千元来买这幅画。

青年画家没想到有钱人会这么说，这是他第一次碰到这种事，心里不免有些慌，费了许多口舌，向有钱人讲道理，希望这个有钱人能遵守约定，做个有信用的人。"我只能花三千元买这幅画，你别再啰唆了，"有钱人认为自己稳占上风，"最后，我问你一句，三千元，卖不卖？"青年画家知道有钱人的意图，心中愤愤不平，他以坚定的语气说："不卖。我宁可不卖这幅画，也不愿受你的欺诈。今天你失信毁约，我将来一定要你付出20倍的代价。""笑话，20倍，是20万元耶！我才不会笨得花20万元去买这幅画。"

"那么，你等着瞧好了。"青年画家对有钱人说道。经过这一事件的打击，画家离开了那个伤心地，去别处重新拜师学艺，日夜苦练。功夫不负苦心人，十几年后，他终于闯出了属于自己的一片天地，成为一位知名的画家。而那个有钱人呢？离开画室后的第二天就把画家的画和话忘记了。直到有一天，他的好几位朋友不约而同地来告诉他："有一件事好奇怪哦！这些天我们去参观一位成名画家的画展，其中有一幅画不二价，画中的人物跟你长得一模一样，标示价格20万元。好笑的是，这幅画的标题竟然是——贼。"有钱人一听仿佛被人当头打了一棒，想到了十几年前的画家。他一想到那幅画的标题竟然是"贼"，就感觉对自己的伤害太大了，他立刻连夜赶去找青年画家，向他道歉，并且花了20万元买回了那幅画。青年画家凭着一股不服输的志气，让有钱人低了头。这个年轻人就是毕加索。

由于毕加索经常在心里告诫自己，绝不能被别人瞧不起，因此他决定为自己争口气，他凭借自己的志气去挫对方的锐气，从而为自己赢得了尊严。

一个人不应该埋怨这个世界太势利，他应该埋怨自己没有志气。年轻人尤其渴望得到别人的尊重，但在别人尊重你以前，不妨先想一下，别人凭什么要尊重你？从这个意义上来说，一个人不受尊重，是因为他不那么值得别人尊重。鲜花和掌声只是他梦想中的荣耀，轻视和白眼却是他此时应该享有的待遇。想通了这个问题，人就比较容易变得心平气和起来，说不定还会因此而鼓起奋斗的勇气。

刚刚步入社会，我们的起点也许很低，也许正在做一份不起眼的工作，地位低，收入少，被人看轻，不受尊重。但是，重要的并不在于我们现在的地位是多么卑微，不在于我们手头的工作是多么微不足道，只要不甘心平淡，只要不想局限于这狭小的圈子，只要渴望着有朝一日突破这一现状，那么，我们终有扬眉吐气的那一天。

人生必须渡过逆流才能走向更高的层次，最重要的是要永远看得起自己。这个世界并不是掌握在那些嘲笑者的手中，而恰恰掌握在能够经受得住嘲笑与批评，并不断往前走的人们的手中。不管你出身贵贱，学问高低，相貌美丑，只要你心中藏着一股气，一股不会泄的志气，你就能飞上天，成为一颗耀眼的明星。

什么叫作"志气"？美国"成人教育之父"卡耐基说："朝着一定的目标走去是'志'，一鼓作气中途不停止是'气'，两者结合起来就是志气。一切事业的成败都取决于此。"李白说："仰天大笑出门去，我辈岂是蓬蒿人。"宋朝学者刘炎说："君子志于泽天下，小人志于荣其身。"

总之，人活一口气。有了这一口气，许多看似无法解决的难题，往往会在你挺直的脊梁面前迎刃而解；没了这一口气，一点儿磕碰也会让你摔个大跟头，生存的路也会越走越窄。

别以为自己很重要

在现实生活中，有些人习惯以自我为中心，总把自己看得太重，而偏偏又把别人看得太轻。总以为自己博学多才，满腹经纶，一心想干大事，创大业；总以为别人这也不行，那也不行，唯独自己最行。一旦失败，就会牢骚满腹，觉得自己怀才不遇。自认怀才不遇的人，往往看不到别人的优秀；愤世嫉俗的人，往往看不到世界的精彩。把自己看得太重的人，心理容易失衡，个性往往脆弱却盛气凌人，容易变得孤立无援，停滞不前。

把自己看得太重的人，常常使人生表现得难以理智：总以为自己了不起，不是凡间俗胎，恰似神仙降临，高高在上，盛气凌人；总以为自己是个能工巧匠，别人不行，唯有自己最行；总以为自己工作成绩最大，记功评奖应该放到自己头上，稍不遂意，骂爹骂娘……

把自己看得太重的人，容易使自己心理失衡，个性脆弱，意志薄弱；容易使自己独断骄横，跋扈傲慢，停滞不前。

看轻自己，是一种风度，是一种境界，是一种修养。把自己看轻，它需要淡泊的志向，旷达的胸怀，冷静的思索。

善于把自己看轻的人，总把自己看成普通的人，处处尊重别人；总觉得群众是最好的老师，自己始终是个小学生；即使自己贡献最大，也不居功自傲；处处委曲求全，为人谦虚和谐。

把自己看轻，绝非一般人所能做到。它是光明磊落的心灵折射，它是无私心灵的反映，它是正直、坦诚心灵的流露。

把自己看轻，绝不是去鄙视自己，绝不是去压抑自己，绝不是去埋没自己，绝不是要你去说违心的话，绝不是要你去做违心的事，绝不是要你去理不愿理的烦恼。相反，它能使你更加清醒地认识自己，对待自己，不以物喜，不以己悲。

把自己看轻，它并不是自卑，也不是怯弱，它是清醒中的一种经营。也不是鄙视自己，压抑自己，埋怨自己，也不要你去说违心话，做违心事。相反，看轻自己能使你更加清醒地认识自己。

20世纪美国著名小说家和剧作家，布思·塔金顿在一次参加红十字会举办的艺术家作品展览会时，一个小女孩让布思·塔金顿给她签名，布思·塔金顿欣然接受了。他想，自己这么有名。但当小女孩看到他签的名字不是自己崇拜的明星的时候，小女孩当场就把布思·塔金顿的留言和名字擦得一干二净。布思·塔金顿当时很受打击，那一刻，他所有的自负和骄傲瞬间化为泡影。从此以后，他开始时时刻刻地告诫自己：无论自己多么出色，都别太把自己当回事！

名人尚且如此，何况我们这些平凡之辈。或许，你所听到的那些夸赞你的话语，只不过是这场游戏中需要的一句台词而已。等游戏结束，你应该马上清醒，摆正自己。我们应该知道，我们只不过是在扮演生活中的一个角色罢了。曲终人散后，卸下所有的妆，你会发现剩下的只有满身的疲倦，所有的掌声、鲜花、微笑都只不过是游戏中必备的道具。

为人处世，不妨看轻自己，这样生活中就会多几分快乐。

在生活中，我们要学会看清自己：在家庭中，不妨看轻自己，不要把自己当成"一言九鼎"的家长，这样才能更好地与孩子沟通，与爱人和谐相处；在事业上，即使春风得意，也不妨看轻自己，不要把自己当成众人之上的"楚霸王"，这样才能结交更多志同道合的盟友，听取更多有益于事业发展的意见；在朋友圈子里，不妨看轻自己，这样才能结识到推心置腹的哥们儿，让自己时刻保持清醒的头脑。总之，把自己看轻，才能成为天使，飞越坎坎坷坷，拥有和谐的人生！

现实生活中，有人把自己看重的地方很多，而把自己看轻的地方很少；看重自己的东西很多，而看轻自己的东西很少。

我们是不是太在意自己的感觉？譬如，你走路时不小心摔了一跤，惹得旁人哈哈大笑。当时你一定觉得很尴尬，认为全天下的人都在看着你。但是，如果你试着站在别人的角度考虑一下，就会发现，其实，这事不过是他们生活中的一个插曲而已，有时甚至连插曲都算不上，他们哈哈一笑，一回头也就把这事给忘了。

在匆匆走过的人生路途中，我们不过是路人眼中的一道风景，对于第一次的参与、第一次的失败，完全可以一笑置之，不必过多地纠缠于失落情绪之中，你的哭泣只会提醒别人重新注意到你曾经的失败。你笑了，别人也就忘记了。

有句话说："20岁时，我们总想改变别人对我们的看法；40岁时，我们顾虑别人对我们的想法；60岁时，我们才发现，别人根本就没有想到我们。"这并非消极，而是一种人生哲学——不妨学会看轻你自己，轻装上阵，没有负担地踏上漫漫征程，你的人生路途或许会更通坦。

有这样一个流传很广的故事。一个自以为很有才华的人，一直得不到重用，为此，他愁肠百结，异常苦闷。有一天，他去质问上帝："命运为什么对我如此不公？"上帝听了沉默不语，只是捡起一颗不起眼的小石子，并把它扔到乱石堆中。上帝说："你去找回我刚才扔掉的那个石子。"结果，这个人翻遍了乱石堆，却无功而返。这时候，上帝又取下了自己手上的那枚戒指，然后以同样的方式扔到了乱石堆中。结果，这一次他很快便找到他要找的东西那枚金光闪闪的戒指。上帝虽然没有再说什么，但是他却一下便醒悟了：当自己还只不过是一颗石子而不是块金光闪闪的金子时，就永远不要抱怨命运对自己不公平。

有许多人都有和这位年轻人一样的心理，觉得自己是这个单位、这个部门里最重要的人物，这里缺了自己就不行，就好像地球离开他就不转动了一样。因为自己很重要，所以其他人必须以他为中心，围绕着他。但其实，不是这么回事，地球离了谁都照常转动不误。

要正视社会现实，社会上的每个人都有其欲望与需求，也都有其权利与义务，这就难免会出现矛盾，不可能人人如愿。这就要求人人正视客观现实，学会礼尚往来，在必要时做出点让步。当然应该承认自我的权利与欲望的满足，但也不能只顾自己，忽视他人的存在。如果人人心目中都只有自我，那么，事实上人人都不会有好日子过的。

从自我的圈子中跳出来，多设身处地地替其他人想想。以求理解他人。并学会尊重、关心、帮助他人，这样才可获得别人的回报，从中也可体验人生的价值与幸福。

加强自我修养，充分认识到自我中心意识的不现实性、不合理性及危害性。学会控制自我的欲望与言行。把自我利益的满足置身于合情合理、不损害他人的可行的基础之上。做到把关心分点给他人，把公心留点给自己。

人生永远都有希望

诗人、作家歌德说："人的一生中最重要的就是要树立远大的目标，并且以足够的才能和坚强的忍耐力来实现它。"

我们几乎随处都能见到这样的人，他们一生都做着简单而又平常的事，他们似乎也因此就满足了，事实上他们完全有能力做一些更复杂的事，但他们不相信自己能胜任。

假如人类没有创造世界和改进自身条件的雄心壮志，世界将会处在多么混沌的状态啊！

和为了实现雄心壮志而进行的持续努力相比，没有什么东西可以如此坚定人们的意志。它引导人们的思想进入更高的境界，把更加美好的事物带进人们的生命。

有什么比追寻生命价值更高尚的理想吗？在不同的文明下，人们的理想也不同。一个人或一个国家的理想与其现实条件和未来发展潜力是息息相关的。

每个人身上都有最优秀而独特的地方，这份优秀只属于你自己。而一个人成功与否，取决于他能否发现自己的优势，并全力将它发挥出来。只有了解自身的优势，最大限度地发挥自身的专长，才能让你登上人生的绚丽舞台。

我们要通过正确地评价自己来发现自己的长处，肯定自己的能力。自我评价的方向和内容与人自身有很大的关系，只看自己的缺点就好像千百遍地听人说："你这不行，你那不行，不准干这，不准干那……"但从来不知道自己哪儿行、不知道要干什么，这种情景是非常令人绝望的。然而，如果自我评价的方向是正面的、自我肯定的，能够准确发现自己有长处有优势，不仅会由此产生积极的情感体验，同时将更有可能发展出好的行为，产生良好的结果。

因此，让我们大声地告诉自己："我能行!"

永远相信自己，无论你拥有怎样的雄心壮志，都要集中精力为之努力，而不要左顾右盼、意志不坚。不要给自己留畏缩的退路，一心一意为了理想而奋斗。只有集中精力才能获得自己想要的成功。

在人的一生当中，总会遇到各种困难与挫折，在这种情况下，要勇敢地对自己说声"我能行"。

每个人都渴望成功，但是在成功路上总会充满荆棘，如果你放弃，那么你永远不会成功；如果你不断地坚持，告诉自己能行，总有一天你会得到成功。

美国作家卡耐基说："要想成功，必须具备的条件是：以欲望提升自己，以毅力磨平高山，以及相信自己一定会成功。"永远相信自己，假如你真的能做到，那么你离成功已经不远了。

假若你的动力足够大，那么与之匹配的能力也将随之而至。在你面前如果有十分有吸引力的奖品在激励着你，那么，你一定可以变得更加敏捷，更加细致而勤奋，更加机智而思虑周全，而且会有更加稳健清晰的头脑，你也一定会获得更好的判断力和预见力。

每个人都有巨大的潜能，只是有的人潜能已苏醒，有的人潜能却还在沉睡中。任何成功者都不是天生的，成功的关键在于开发出了无穷无尽的潜能。只要你能持有积极的心态去开发自我的潜能，就会有用不完的能量，你的能力就会越用越强，你离成功也就会近在咫尺了。反之，假如你抱着消极的心态，不去开发自己的潜能，任它沉睡，那你就只能自叹命运不公了。

曾有一个农夫在高山之巅的鹰巢里捉到一只小鹰，他把小鹰带回家中，养在鸡笼里面。这只小鹰与鸡一起啄食、嬉闹和休息，它认为自己也是一只鸡。这只鹰渐渐长大了，羽翼也丰满了，主人想把它训练成猎鹰，可是，因终日与鸡混在一起，它已变得与鸡完全一样了，根本没有飞的能力了。农夫试了各种各样的办法，都毫无效果，最后把它带到了山顶上，一把将它扔了下去。这只鹰，像一块石头似的，直掉下去，慌乱之中它拼命地扑打着翅膀，就这样，它终于飞了起来。

或许你会说："我已懂你的意思了。但是，它本来就是鹰，不是鸡，它才能够飞翔。而我，或许原本就是一个平凡的人，我从来没有期望过自己能做出什么了不起的事情来。"这正是问题的所在——你从来没有期望过自己做出什么了不起的事来，你只把自己钉在自我期望的范围内。

事实上，开启成功之门的钥匙，必须由你自己亲自来锻造，而这正是释放你的潜能、唤醒你的潜能的过程。

歇斯底里，面目可憎

　　我曾经在王府井看见一位穿着得体优雅的女人对身边的男人像狮子般咆哮，甚至厮打起来，却不顾路人频频的回眸。那一刻，我对眼前这个穿着雅致女人的好感一下子全无，是什么事让她变得如此疯狂？让她变得如此歇斯底里、如此不可理喻？

　　实际上这些事在我们身边经常发生，甚至偶尔会出现在自己的生活里。因为不值得的一件小事，有的人就会变得情绪失控，会对自己的亲人无理取闹，暴躁、愤怒、憋闷等不良情绪主导着自己。虽然事后懊悔不已，但当时就是控制不住自己。

　　其实，生气是最无力的情绪，常常会使人失去理智，当然，最后肯定是后悔不已。给别人造成的伤害就如同在墙上钉钉子，钉一个就留下一个钉印，再去抹平这些印痕恐怕很难，不管你如何去弥补，伤痕依旧不会被磨平。有的人认为，心里有气就必须得发出来，否则会"憋闷坏了"，实际上，不良情绪会导致各种各样的身心病症，如心脑血管疾病、癌症等都与长期的消极情绪的影响有关。

　　控制不好自己的情绪，既伤了自己，又伤了别人，可以说是两败俱伤，只有愚蠢的人才会做这种愚蠢的事来。一个聪明的人不会被自己的情绪所左右，即使遇到不开心的事，他们也会用自己的方式来解决，而不是歇斯底里地咆哮起来，因为这样总是有失一个人的风度。

　　很多人都懂得这个道理，却总是做不到，一遇到不顺心的事就急躁易怒，容易冲动。有些人爱发脾气，缺乏涵养，与虚荣心过重有密切联系。像有的人只知爱惜自己的"脸面"，有时明知是自己不对，为了维护"脸面"以满足虚荣心，仍不惜伤害别人的感情，故意宣泄不满，一味指责对方，表现出一副唯我独尊的样子，事后又常为得罪朋友和失去友情而后悔。

人际交往中，出现意见分歧，发生点小摩擦是常有的事，所以，不宜将对对方的不满情绪和烦恼长期积压在心里，可以心平气和地与对方交换意见，自己有错误主动承认，对方有不足之处可以耐心指出，以求相互谅解，这不是什么"栽脸面"的事。而随意发脾气，任意发泄自己不满的人，表现了这个人缺乏涵养、易暴躁，恰恰是一种自我贬低的愚蠢举动，这才真正是丢了自己的"脸面"。

应该及时改变自己爱发脾气、性情暴躁这个坏毛病，使自己不再是别人眼中的"火药桶"。一旦发现体内的火山有爆发的倾向，就应立即制止或者把它发泄掉，但必须在不伤害自己和他人的前提下进行。当然，生活里不乏这一类型的人，他们性格急躁，希望在最短的时间里，得到最好的结果，这是急功近利的思想在作怪。任何人在愿望没有如期实现时，都会产生焦躁情绪。由于自控能力不同，造成的结果也不同。我们看到的那些最终实现目标的人，都是善于控制情绪的人。但歇斯底里也许与人的性格有关，不是说改就能改的，遇到让自己懊恼的事情的时候，只能一点点的克服和说服自己。

美国芝加哥的一家大百货公司在前台设立了咨询处，其中的一项主要任务就是受理顾客提出的问题和抱怨。每天，都有许多女士排着长长的队伍，争着向柜台后的那位小姐诉说她们所遭遇的困难以及这家公司不对的地方。

在这些投诉的妇女中，有的十分愤怒且蛮不讲理，有的甚至讲很难听的话，柜台后的这位年轻小姐，每次接待这些愤怒的妇女，均未表现出任何憎恶。她脸上总是带着微笑，指导这些妇女们前往相应的部门，她的态度优雅而镇静。

站在她身后的是另一位年轻女郎，她在一些纸条上写下一些字，然后把纸条交给站在她前面的那位年轻小姐。这些纸条很简要地记下妇女们抱怨的内容，但省略了这些妇女原有的尖酸刻薄的话语。

原来，站在柜台后面微笑聆听顾客抱怨的这位年轻小姐是位聋人，她的助手通过纸条把所有必要的事实告诉她。

这家百货公司的经理之所以挑选一名耳聋的女郎担任公司中最艰难而又最重要的一项工作，主要原因是再也找不到能够面对别人的抱怨甚至是咆哮仍能镇定自若、面带微笑的人了。

柜台后面那位年轻小姐脸上亲切的微笑，对这些愤怒的妇女们产生了良好的影响。她们来到她面前时，个个像是咆哮的野狼，但当她们离开时，个个却又像是温顺的绵羊。

事实上，她们之中的某些人离开时，脸上甚至露出了羞怯的神情，因为这位年轻小姐的好脾气已使她们对自己的行为感到惭愧。

站在柜台前，面对客户的埋怨和咆哮，仍能平和对待的人实属不多。也许你能勉强工作一天、两天，但长期下去，如果不是一个聋人，或者在心里不能把自己当成一个聋人的话，干这份工作只会自找麻烦。

在别人的咆哮面前做一个聋人，使你不至于失去对情绪的控制力，像一个没有罗盘的水手，每次遇到激情澎湃的风暴，都会改变心情的方向，让你疲惫不堪。

世上没有绝境，只有绝望

生活是一种态度。每一个人都会有不同的经历，每一个人都会经历挫折和不幸，每一个人也都有获得幸福的机会。生活是现实的，不以人的意志为转移，你可以活得很积极，也可以很悲观。同样是生活，有人整天愁眉不展，唉声叹气，有人却过得精彩无限，有滋有味。你可以决定自己的命运，只要你肯审视自己的态度。培根曾说过："人若云：我不知，我不能，此事难。当答之曰：学，为，试。"

"世间本来没有路，走的人多了就成了路"，想一想，连路都可以硬走出来，那么面对人为的环境和处境，我们有什么理由绝望呢！

很多时候我们绝望与否，重要的不是处于顺境或逆境，而是取决于对待顺境或逆境的态度和方法。有的人无论顺境、逆境都能进步，而有的人却是任何时候都在堕落。

其实，世上是有绝望的处境的，问题是在你的看法如何。如果你冷静下来想办法，尝试走另一条路的话，你的成功概率可能会有百分之九十的。如果你急躁不安，绝望了，不敢去面对和挑战，那你的成功概率只有百分之十。所以，这世上只有对处境绝望的人，而没有绝望的处境。我知道，成功从来只会青睐勇敢的智者，不喜欢亲近那些遇到点点困难就绝望而退缩的胆小鬼。在人生的道路上，没有一个人是没有遇到过困难与挫折的，简单来说，没有困难的人生不是完整的人生。因此，我们不如用微笑来挑战困难吧！

张海迪这个名字大家都应该听说过吧！张海迪谈到了死亡时，如果自己撰写自己的墓志铭，她会写些什么呢？海迪说，她会这么写：这里躺着一个不屈的海迪，一个美丽的海迪。快乐是很难的，我们常常为了短暂的快乐，愁苦经年，张海迪更难。张海迪看上去很快乐，哪怕是在最痛的时候，她也能露出一副灿烂的笑脸。但张海迪说，她从来没有一件让她真正快乐的事。

张海迪现在的身份是作家，但写作是痛苦的，她得了大面积的褥疮，骨头都露出来了，但她还在写。她又做过几次手术，手术是痛苦的，她的鼻癌是在没有麻醉的情况下实施手术的，她清晰地感觉到刀把自己的鼻腔打开，针从自己皮肤穿过。第一次听说自己得了癌症，她甚至感到欣喜——终于可以解脱了。张海迪说：我最大的快乐是死亡。但是，她却活了下来。她是一位多病的残疾人，天天被病魔折磨着，但她并没有绝望，并没有想不开而去自尽。她努力为国家做出贡献，在医院躺着的时候，还在写作，为什么她能这样？哦！因为她对于她的处境和生活并没有绝望，她清楚地知道这个世界上没有绝望的处境。

当然，有乐观开朗的人，也有对生活失去信心、绝望的人，报纸上总有人想不开而跳楼的新闻。人生是一次漫长的旅行，有平坦的大道，也有崎岖的小路，有灿烂的鲜花，也有密布的荆棘。生命的丰厚奖赏远在旅途的终点，我们应该在压力下奋起，在逆境中突破，在拼搏中享受成功的喜悦！生活永远是充满希望的。因为世上没有绝望的处境，只有对处境绝望的人。

总而言之，这个世界上，没有爬不上的山，没有过不了的河，再大的困难总有解决的方法。用冷静和乐观的心来面对困难，总能找到一个让你坚持不懈的理由。每一个人的命运都没有绝望的处境，只要你勇敢去面对、挑战它，成功往往就在绝境的拐弯处。

第五章
给负面情绪压力锅减压

幸福＝正面情绪-负面情绪

——杨澜（著名主持人）

成功的秘诀就在于懂得怎样控制痛苦与快乐这股力量，而不为这股力量所反制。如果你能做到这点，就能掌握住自己的人生，反之，你的人生就无法掌握。

——安东尼·罗宾斯（美国演说家）

如何转移自己的注意力

很多人都有过这种体验：当身体的某个部位疼痛时，我们越是将注意力聚集在疼痛部位，这种疼痛感会越强；而当我们将注意力移开，或与人聊天，或下棋，或读书，这种疼痛感就会减弱许多。

人的情绪之所以坏，绝大多数情况下是有原因的，比如升迁受挫、失恋等。如果我们不将自己的注意力从这些引人不快的事件中转移出来，就容易在坏情绪中徘徊、深陷。

当你因不愉快的事而情绪不佳时，不妨试试转移自己的注意力。

1. 积极参加社会性的交往活动，培养社交兴趣

人是社会的一员，必须生活在社会群体之中，一个人要逐渐学会理解和关心别人，一旦主动关爱别人的能力提高了，就会感到生活在充满爱的世界里。如果一个人有许多知心朋友，就可以取得更多的社会支持；更重要的是可以充分地感受到社会的安全感、信任感和激励感，从而增强生活、学习和工作的信心和力量，最大限度地减少心理的紧张和危机感。

一个离群索居、孤芳自赏、生活在社会群体之外的人，是不可能获得心理健康的。随着独门独户家庭的增多，使得家庭与社会的交流日渐减少，因此走出家庭，扩大社会交往显得更有实际意义。

如在工作中，管理者在处理事情时可以多找下属征求意见，同事之间也可互相讨论，集思广益，最终拿出一个有效可行的方案。这个方案因为已纳入所有工作者的智慧，每个人都会感受到自己存在的价值，因而可减少不必要的失落。

2. 多找朋友倾诉，以疏泄郁闷情绪

在日常生活和工作中，我们难免会遇到令人不愉快和烦闷的事情，如果找个好友诉诉苦，那么压抑的心境就可能得到缓解，失去平衡的心理亦可得以恢复正常，并且能得到来自朋友的情感支持和理解，可获得新的思考，增强战胜困难的信心。

还可以通过郊游、爬山、游泳或在无人处高声叫喊、痛骂等办法消除不良情绪，或者去听听歌、跳跳舞，在引吭高歌和轻快旋转的舞步中忘却一切烦恼。

3. 重视家庭生活，营造一个温馨和谐的家

家庭可以说是整个生活的基础，温暖和谐的家是家庭成员快乐的源泉、事业成功的保证。孩子在幸福和睦的家庭中成长，有利于其人格的发展。

如果夫妻不和、经常吵架，将会极大地破坏家庭气氛，影响夫妻的感情及各自的心理健康，而且也会使孩子幼小的心灵受到伤害。可以说，不和谐的家庭经常制造心灵的不安与污染，对孩子的教育很不利。

理想的健康家庭模式，应该是所有成员都能轻松表达意见，相互讨论和协商，共同处理问题，相互供给情感上的支持，团结一致应付困难。每个人都应注重建立和维持一个和谐健全的家庭。社会可以说是个大家庭，一个人如果能很好地适应家庭中的人际关系，也就可以很好地在社会中生存。

适当宣泄自己的情绪

有幅漫画，一位总经理模样的人正在训斥一名职员，职员无奈，便转而训斥他的下属，下属挺生气，回家后居然莫名其妙地把气撒在妻子身上，妻子气极，便把受到的委屈一股脑儿地发泄在儿子身上，打了儿子一个耳光，儿子恼怒之际，居然飞起一脚踢向小狗，小狗疼得乱窜，发疯似的冲出门乱咬，结果正好咬着从这儿路过的总经理！

这虽然是一个虚构的情节，但需要我们注意的是，这里的职员训斥下属，下属训斥妻子，妻子打了儿子，儿子踢了小狗，便是人们常说的所谓的"发泄"。

怒气是千万不能长期积压的，从心理学角度来讲，适度宣泄能够减轻或消除心理或精神上的疲劳，把怒气发泄出来比让它积郁在心里要好得多，这样做能够使你变得更加轻松愉快。

当水壶中的水沸腾时，蒸汽会由壶盖的孔不断冒出。压力锅盖上也有一个小孔，在气压达到一定程度时，蒸汽也由此孔泄出。泡茶的小茶壶盖上也有个小孔，热气亦由此排出。如果没有孔的话，热气就无法散出，里面的压力就会累积，水就会不断地由壶内向外溢出，而压力锅则有爆炸的可能。总而言之，热气与压力都必须能适度的发散才可以。

这个原理其实与人的情绪一样。人的不良情绪一旦累积压抑得太久，一旦爆发，其后果可能是无法挽回的遗憾。人的不少冲动，正是由于不良情绪的累积太多，结果因为一件小事，一点就着。因此，学会给自己的情绪减压是减少冲动的办法之一。

那种故意压制自己情绪的人是非常危险的。他们不会发牢骚，总是面带微笑。对人和善，为他人着想，工作认真，经常为帮助他人而留下来加班。当别人问他体力是否可以时，他总是以笑脸回答"不用担心"。这其实是非常危险的，这种人就像热水壶盖上没有孔一样，不爆发则已，一爆发则"惊天动地"。

如果你认为自己的压力在不断累积，那就试着将不满、牢骚发泄出来吧。给自己的不良情绪找个孔，让身心更健康，让行为更理智。

适度的情绪发泄就像夏天的暴风雨一样，能够净化周围的空气，倾吐胸中的抑郁和苦衷；能缓解紧张情绪，降低冲动的可能性。发泄的方法很多，可以通过各种对话、民主生活会等发表意见，也可找知己谈心，或找心理医生咨询，或通过写文章、写信来表达情感。如不能奏效，干脆痛哭一场，哭是宣泄情绪的一个好方法。孩子遇到了伤心事，常常一哭了事。成年人，特别是男子，多以"男儿有泪不轻弹"自居，强忍悲痛而不流出眼泪。据有关资料表明，这种悲而不哭的情绪同男子患冠心病、胃溃疡、癌症的比例比女子的高有一定的关系。因为悲伤与恐惧等消极情绪会使体内某种有害激素含量过高而危害健康，而眼泪能帮助排泄一部分对健康有害的化学物质。

和被动的"发泄"不同，人如果有怨气，可以通过某种手段去解压，这就是将自己不良的情绪"宣泄"出来。如何"宣泄"，可谓是一门学问。这里介绍一些适度"宣泄"的方法，你不妨一试：

在生某人某事气之后，可利用你手中的笔，把这件事的发展经过全部记下来，尽情地一"书"而就，或者写一封言辞尖锐的书信，将对方痛骂一顿。然而你必须要记住，"信"可随意书写，但不可以寄发出去。美国第16任总统林肯就经常用此种方法来宣泄心中的怒气，他在外边受了别人的气，回到家里之后就写一封痛骂对方的信。家人在第二天要为他寄发这封"信"时，他却不让寄出去，其原因是："写信时，我已经出了气，又何必把它寄出去，从而惹是生非呢！"

还可以采取痛哭的方式宣泄。心理学家已经指出：痛哭也是一种自我心理的救护措施，能使不良情绪得以宣泄和分流，痛哭之后心情自然会比原来畅快许多。

利用"道具"宣泄也是一个有效的办法。这里所说的"道具"，指的是能够被用来排泄心中怒气之物。日本有一家大公司的总裁，很会让职员尽情地"发泄"，他定做了一个与他身材同样大小的橡胶塑像，让对自己有意见的职员可以对这个形态逼真的塑像尽情拳打脚踢，等"宣泄"够了，职员也消了气，恢复了心理平衡。生活中我们也可以借鉴此种方法，然而要切记的是不可随意而发，要掌握好时间、场合和对象，否则将成为不正当的方法。

另外，体育锻炼能增加人对外界的适应力与抵抗力，在运动的过程中，心理会逐步地得到调节，在不知不觉中慢慢就疏导了内心的不愉快。

21 条实用的减压法则

对于每个人来说，压力是避免不了的，但情绪和态度是可以改变的。在各种压力中，情绪压力的"杀伤力"最大。情绪压力除了会导致各种疾病产生外，还是造成人思维短路的祸首之一。

下面介绍国外心理专家提出的消除情绪压力的方法。

1. 当你感到有情绪压力时，邀几个亲朋好友去聚餐一次，或去观赏一部电影。

2. 寻找最近自己在生活中处理成功的一件小事，给自己奖励，买一件礼物送给自己。

3. 分析压力产生的原因，找出排除它的方法。

4. 找一个自己信任的人，开怀倾谈一次。

5. 将情绪压力演变的结果，在心里预想一下达到这一结果的全过程，做好充分的心理准备。

6. 如果是欲望或动机过高，每周要有一天用完全不同的兴趣点（例如打高尔夫球、画画、下棋、种花）来调节。

7. 自我的能力和精力不要极端地消耗，有时要懂得保存体力，否则只不过是背负一个"苦干家"的名声。

8. 要懂得创造性的休息方法，休息的种类、方式要丰富多样，不要单调。

9. 如压力已造成身体的不适（如心脏作痛、大量出汗、不眠、肠胃消化功能下降等），要认真对待，及早进行健康检查。

10. 在休闲时，进行体育活动，但一次活动的时间不宜过长，运动不要过猛，做到细水长流。

11. 将家庭生活、工作、社会交往等方面遭到压力的原因用一张小纸条写出，然后对每个压力想出三个不同的点子来对付它，可以与友人和信赖的人商量。

12. 写"压力自传"。把自己所遭遇的压力，用日记、自传体的方式记录下来，自己保存，供以后参考。

13. 对自己要求不要过高，记住一首赞美诗中的七个字："只要一步就够好。"

14. 不要将所有重担和责任背负在自己一个人身上，要信赖他人，做到责任分担，学会同他人合作。

15. 勇于决断。错误的决断比不决断或犹豫不决要好。决断错误可以修正，不决断或犹豫不决会导致压力的产生，有损身心健康。

16. 不要为小事垂头丧气，不拘泥于琐碎之事。对琐碎之事过分担心，往往会被压力压垮。要有全局着眼、大处着手的气魄。

17. 要防止过于孤独，设法结识一些新朋友，认识一些新鲜事物，以保持精神上的平衡。

18. 有时候要自我吹嘘、自我陶醉、自我赞美一番，保持良好的自我感觉才能振奋精神。

19. 要有充分的睡眠时间，损失的睡眠时间要补足。

20. 不过分拘泥于成功。失败是成功之母，有意义、有经验的失败要比"简单的成功"获益更大。

21. 运用幽默、微笑来调节情绪，用自我催眠和深呼吸等方法来放松身心。任何时候都不要失去自信心。

要给自己心理补偿

心理失衡的现象在现代竞争日益激烈的生活中时有发生。大凡遇到成绩不如意、高考落榜、竞聘落选、与家人争吵、被人误解讥讽等情况时，各种消极情绪就会在内心积累，从而使心理失去平衡。消极情绪占据内心的一部分，而由于惯性的作用使其越来越沉重、越来越狭窄；而未被占据的那部分却越来越空、越变越轻。因而心理明显分裂成两个部分，沉者压抑，轻者浮躁，使人出现暴戾、轻率、偏颇和愚蠢等难以自抑的冲动行为。这虽然是心理积累的能量在自然宣泄，但是它的行为却具有破坏性。

这时我们需要的是"心理补偿"。纵观古今中外的强者，其成功之秘诀就包括善于调节心理的失衡状态，通过心理补偿逐渐恢复平衡，直至增加建设性的心理能量。

有人打了一个颇为形象的比方：人好似一架天平，左边是心理补偿功能，右边是消极情绪和心理压力。你能在多大程度上加重补偿功能的砝码而达到心理平衡，你就能在多大程度上拥有了时间和精力，信心百倍地去处理那些有待你完成的任务，并有充分的乐趣去享受人生。

那么，应该如何去加重自己心理补偿的砝码呢？

首先，要有正确的自我评价。情绪是伴随着人的自我评价与需求的满足状态而变化的。所以，人要学会随时正确评价自己。有的青少年就是由于自我评价得不到肯定，某些需求得不到满足，此时未能进行必要的反思，调整自我与客观之间的距离，因而心境始终处于郁闷或怨恨状态，甚至悲观厌世，最后走上绝路。由此可见，青年人一定要学会正确估量自己，对事情的期望值不能过分高于现实值。当某些期望不能得到满足时，要善于劝慰和说服自己。生活中处处有遗憾，然而处处又有希望，希望安慰着遗憾，而遗憾又充实了希望。遗憾是生活中的"添加剂"，它为生活增添了发奋改变与追求的动力，使人不安于现状，永远有进步和发展的余地。正如法国作家大仲马所说："人生是一串由无数小烦恼组成的念珠，达观的人是笑着数完这串念珠的。"没有遗憾的生活才是人生最大的遗憾。

为了能有自知之明，人需要正确地对待他人的评价。因此，经常与别人交流思想，依靠友人的帮助，是求得心理补偿的有效手段。

其次，必须意识到你所遇到的烦恼是生活中难免的。心理补偿是建立在理智基础之上的。人都有七情六欲及各种感情，遇到不痛快的事自然不会麻木不仁。没有理智的人喜欢抱屈、发牢骚，到处辩解、诉苦，好像这样就能摆脱痛苦。其实往往是白费时间，现实还是现实。明智的人勇于承认现实，既不幻想挫折和苦恼会突然消失，也不追悔当初该如何如何，而是想到不顺心的事别人也常遇到，并非是老天跟你过不去。这样你就会减少心理压力，使自己尽快平静下来，客观地对事情做个分析，总结经验教训，积极寻求解决的办法。

再次，在挫折面前要适当用点"精神胜利法"，即所谓"阿Q精神"，这有助于我们在逆境中进行心理补偿。例如，实验失败了，要想到失败乃是成功之母；若被人误解或诽谤，不妨想想"在骂声中成长"的道理。

最后，在做心理补偿时也要注意，自我宽慰不等于放任自流和为错误辩解。一个真正的达观者，往往是对自己的缺点和错误最无情的批判者，是敢于严格要求自己的进取者，是乐于向自我挑战的人。

　　记住雨果的话吧：“笑就是阳光，它能驱逐人们脸上的冬日。”

如何面对诬蔑和诋毁

身处社会之中，偶尔莫名其妙地挨两巴掌是难免的事，但是，挨了巴掌之后，要怎么反应，就是一门你我都需要学习的学问了。

明代人屠隆在《婆罗馆清言》中说过一段睿智话，意思是："一个人要实现自己的理想，要找到真理，纵然历经千难万险，也不要后退。奋斗的过程中，要用坚强的意志来支撑自己，忍受一切可能遇到的屈辱，只要坚持下去，就能取得成功。艰难羞辱不但损害不了你人格的完整，还会使人们真正了解你人格的伟大。重要的是，在遭遇苦难侮辱时，把这一切都抛诸脑后，得一分清爽的心情。"

屠隆的话告诫我们，当面临恶意诋毁时，你的态度应该是置之不理。

有些人对那些无中生有的诬蔑表现得异常激愤，反唇相讥甚至大打出手，其实那都是没有必要的。如果换一种角度来看，那些遭人诋毁的人反倒应觉得庆幸，因为正是你极具重要性，别人才会去关注、去议论、去诬蔑。所以不要理会这些无聊的人，事实自会让流言不攻自破。

美国曾有一位年轻人，出身寒微，依靠自己的努力，在30岁时当上了全美有名的芝加哥大学的校长。这时各种攻击落到他的头上。有人对他的父亲说："看到报纸对你儿子的批评了吗？真令人震惊。"他父亲说："我看见了，真是尖酸刻薄。但请记住，没有人会踢一只死狗的。"

美国著名教育家卡耐基很赞赏这句话，他说：不错，而且越是具有重要性的"狗"，人们踢起来越感到心满意足。所以，当别人踢你、恶意地诋毁你时，那是因为他们想借此来提高自己的重要性。当你遭到诋毁时，通常意味着你已经获得成功，并且深受别人注意。

诋毁、诬蔑与攻击通常是变相的恭维，因为没有人会踢一只死狗。只有挂满果实的树才会招来石块，也是这个道理。

美国独立运动的奠基者、美国第一任总统华盛顿，也曾被人骂为"伪善者""骗子""比杀人凶手稍微好一点儿的人"。对于这些诬蔑，华盛顿毫不在意，事实证明他是美国历史上最具影响力的人物。

一个人若想坚持真理，想比别人做得更好一些时，遭到某些人的恶意攻击是不可避免的。对这一点，我们要有足够的思想准备，我们不能避免这种攻击，但我们能避免这种攻击干扰我们的心态。

一次法国作家小仲马的一个朋友对他说："我在外面听到许多不利于你父亲大仲马的传言。"

小仲马摆出一副无所谓的样子回答："这种事情不必去管它。我的父亲很伟大，就像是一条波涛汹涌的大江。你想想看，如果有人对着江水小便，那根本无伤大雅，不是吗？"

听到别人的流言蜚语，再三客观地分析、判断之后，只要认为自己的做法合理。站得住脚，那么大可以坚持到底，不必理会。

美国前总统罗斯福的夫人艾丽诺曾受到许多批评，但她都能够泰然处之。她说："避免别人攻讦的唯一方法就是，你得像一只有价值的精美的瓷器，有风度地静立在架子上。"

只有自己能解放自己

你感到经常受到压制，被人欺负吗？人们是怎样对待你的？你是不是觉得三番五次地被人利用和欺负？你是否觉得别人总占你的便宜或不尊重你的人格？人们在订计划的时候是否不征求你的意见？你是否发现自己常常在扮演违心的角色，你想改变这种处境吗？

美国大律师韦恩·戴尔指出："我在诉讼人和朋友们那儿最常听到的就是这些问题。他们从各种各样的角度感到自己是受害者，我的反应总是同样的，'是你自己教给别人这样对待你的'。"

中年妇女盖伊尔来找韦恩，因为她感到自己受到专横的丈夫冷酷无情地控制。她抱怨自己对丈夫的辱骂和操纵逆来顺受，她的三个孩子也没有一个对她表示尊重，她已经是走投无路了，感觉自己随时都会崩溃。她甚至时常有杀了丈夫或自杀的念头，而且这种念头日益强烈。火山正处于爆发的前夕。

盖伊尔对韦恩讲述了自己的身世。韦恩听到的是一个从小就容忍别人欺负的人的典型例子。从她性格形成的时期开始，直到结婚为止，她的行为一直受到她的极端霸道的父亲地监视。没想到她的丈夫"碰巧"也和她的父亲非常相像，因此婚姻又一次把她推入陷阱。

韦恩对盖伊尔指出，是她自己无意之中教会人们这样对待她的，这根本不是别人的过错。她那么多年来一直是忍气吞声，在一点一滴地往火药桶中装填火药，最终会自己害了自己。她的任务应当是从自己身上而不是从周围环境来寻找解决问题的方法。盖伊尔的新态度就是设法向她的丈夫及孩子们表明：她不再受人摆布了。

她丈夫最拿手的一个伎俩就是向她发脾气，对她表示嫌弃，特别是当孩子们或者其他的成年人在场的时候。过去她不愿意当众大吵一场，因此对丈夫的挑衅总是毫无办法。现在，她要完成的第一个任务，就是理直气壮地和丈夫抗争，然后拂袖而去，当孩子们对她表现出不尊重的时候，她坚决地要求他们对长辈要有礼貌。

在采取这种有效的态度几个月之后，盖伊尔高兴地向韦恩汇报：她的家庭对她的态度发生了很大的变化。盖伊尔通过切身经历了解到，的的确确是自己教会别人怎样对待自己的。

盖伊尔还懂得了，自己解放自己的关键，是用行动而不是用语言去教育人。这就证明，你表明决心的行动胜过千百万句深思熟虑的言辞。

韦恩指出："许多人以为斩钉截铁地说话意味着令人不快或蓄意冒犯，其实不然。它意味着大胆而自信地表明你的权利，或者声明你不容侵害的立场。"

下面是一些策略，盖伊尔式的人可以运用这些策略来告诉别人如何尊重自己。

1. 尽可能多地用行动而不是用言辞做出反应

如果在家里有什么人逃避自己的责任，而你通常的反应就是抱怨几句然后自己去做，下一次就要用行动来表示。如果应当是你的儿子去倒垃圾而他经常忘记，就提醒他一次。如果他置之不理，就给他一个期限。如果他无视这一期限，那么你就不动声色地把垃圾倒在他的床头。一次这样的教训，要比千言万语更能让他明白你所说的"职责"是什么意思。

2. 拒绝去做你最厌恶的、也未必是你的职责的事

两个星期不为别人收拾办公桌看看会发生什么情况。一般来

说，办公室里一切杂事都由你干，仅仅是说明，你已经向别人表明你会毫无怨言地干这些活儿。

3. 斩钉截铁地说话

要做到即使在可能会显得有些唐突的场所，也能毫无拘束地与他人沟通，果断地说出自己的真实感受和想法，对蛮横无理的人以牙还牙，你必须在一段时期内克服你的胆怯心理。你必须心甘情愿地迈出这第一步，记住：千里之行始于足下。

4. 不再说那些招引别人欺负你的话

"我是无所谓的""我可能没什么能耐"或者"我从来不懂那些法律方面的事"，诸如此类的推托之辞就像是为其他人利用你的弱点开了许可证。当服务员合计你的账单时，如果你告诉他你对计算一窍不通，那你就是暗示他，你不会挑出什么"错儿"的。

5. 对盛气凌人者以牙还牙，冷静地指明他们的行为

当你碰到吹毛求疵的、好插嘴的、强词夺理的、夸夸其谈的、令人厌烦的以及其他类型的欺人者，冷静地指明他们的行为。记住，以牙还牙不是冲动性质的疯狂反击，而是有理有节的冷静对抗。你可以用诸如此类的话声明："你刚刚打断了我的话"，或者"你埋怨的事永远也变不了"。这种策略是非常有效的教育方式，它告诉人们，他们的举止是不合情理的。你表现得越冷静，对那些试探你的人越是直言不讳，你处于软弱可欺的地位上的时间就越少。

6. 告诉人们，你有权利支配自己的时间去做自己愿意干的事

从繁忙的工作中或是热烈的场合中脱身休息一下是理所当然的，把你支配自己休息和娱乐的时间视为是无可非议的，这是不容他人侵犯的正当权益。

7. 敢于说"不！"

摒弃那种支支吾吾的态度，它容易给人造成对你的误解。和隐瞒自己真实感受绕圈子的话相比，人们更尊重那种毫不含糊的回绝。同时，你也会更加尊重你自己。

8. 胸怀坦荡

不要为人所动，并因此对自己所采取的果断态度感到内疚。如果有人对你做出受了委屈的表情，向你说好话，许给你好处或是表示生气时，你不要感到不好受。

一般来说，你过去已经教会他人怎样欺负你，对这样的人这种做法你是不大知道该如何反应的。在这种时候，你要站稳脚跟。

记住：是你教会人们怎样对待你的。如果你把这一条当作指导你生活的原则的话，你就能够自己解放自己，不会因为一再地逆来顺受直至火山爆发，毁灭一切。

第六章
不满意昨天，就把握今日

　　不要老叹息过去，它是不再回来的；要明智地改善现在。要以不忧不惧的坚决意志投入扑朔迷离的未来。

——朗费罗（美国诗人）

　　人们不必为过去的错误而羞惭，换言之，即不必为今天比昨天聪明而羞惭。

——斯威夫特（英国文学家）

掌握永恒，不如控制现在

公元 79 年 8 月的一天，古罗马帝国最繁荣的城市之一庞贝城因维苏威火山爆发而在 18 小时之后消失。2000 年后，人们在重新发掘这座古城的时候，在一只银制饮杯上发现刻着这样一句话："尽情享受生活吧，明天是捉摸不定的。"

一个人活着，昨天已经成为历史，成为过去，只有通过回忆来感悟；明天尚是未来，只能通过憧憬来表达希望；而今天则是我们实实在在正在接受阳光沐浴和星辰照耀的时刻，是最容易被我们把握的时刻，是我们真真切切拥有的时刻，是决定我们事业成败关键的时刻，是我们创造幸福生活的时刻，是我们不断耕耘不断收获的时刻，是人生最有意义的时刻。因此，一个人，只有活在今天，才是找到了实实在在的真我，才能体验人生的意义，实现人生的价值。

任何一个人，在眼前的一瞬间，都站在两个永恒的交会点上——永远逝去的过去和无穷无尽的未来的交点上。我们不可能生活在两个永恒之中，即使是一秒钟也不可以，那样会毁掉我们的身心。既然如此，就让我们为生活在这一刻而感到满足吧。

昨天不过是一场梦，明天只是一个幻影，今天才是生命的源泉，才是最值得我们珍视的唯一时间。生活在今天，能让昨天变成快乐的梦，明天变成有希望的幻影。让我们把过去和未来隔断，生活在完全独立的今天吧！

生命是不可能倒转的。早在两千多年前的孔子，面对大河，说了一句："逝者如斯夫，不舍昼夜！"就发出了生命一去不可返的无奈感叹。我们为什么不趁自己活在今天的时候，好好享受今天，好好奖励自己一番呢？

一个人如果不能很好地把握现在，就不可能创造光辉灿烂的未来，所以，对任何人来说，现在才是最重要的，没有了现在就没有过去和未来。把握现在就等于把握了未来，在没有经历太多的人世沧桑，没有遭遇太多的坎坷时，很多人会感觉自己只是芸芸众生中一个普通的存在。我们会羡慕他人的出色与成功，追求更好的生活，放弃原有安稳幸福。当曾经的理想希望，曾经的豪情壮志，都似那河流中礁石的棱角，经历岁月的冲刷变得不再锋利而愈加平滑时，当自己不再有能力追求时，或许连原有的安逸都失去了。

所有值得怀念的或是不值得怀念的日子，就这么像流水一样一天天地过去。尽管不似平平淡淡一杯白开水，却也未曾有过轰轰烈烈。然而，总有一些不被料到的安排一次次地改变了我们，朋友的不信任，考试的不理想，父母的迁怒，工作没成果，都在一点一点地浪费掉，好多的"现在"从我们指尖悄悄滑落，成为无可奈何的"过去"。我们之所以还这么平凡甚至平庸，我们之所以还这么郁闷甚至困苦，是因为我们没有很好的把握"现在"。

先哲无意间在古罗马城的废墟发现了一尊"双面神"神像。于是问："请问尊神，你为什么一个头，两副面孔呢？"

双面神回答："因为这样才能一面察看过去，以记取教训；一面瞻望未来，以给人憧憬。"

"可是，你为何不注视最有意义的现在？"先哲问。

"现在？"双面神茫然。

先哲说："过去是现在的逝去，未来是现在的延续，你既然无视现在，即使对过去了若指掌，对未来洞察先机，又有什么意义呢？"

双面神听了，突然号啕大哭起来。原来他就是没有把握住"现在"，罗马城才被敌人攻陷，他因此被视为敝屣，被人们丢弃在废墟中。

"现在"是最重要的，"现在"是存在的本质。我们只能拥有转瞬即逝的现在。有人总是回忆过去或把希望寄托在未来，而不重视现在最应该做什么。一切都从现在做起，把握住现在才是人生成功的关键。

把握现在，是很多成功者用双脚开辟出来的真理，是许多失败者用心血凝聚的教训。把握现在，就是不必为无可挽回的过去而懊丧，也不必为了遥不可及的未来而想入非非。过去无论自己怎么辉煌怎么灿烂，也已像流星一样滑进无边的黑暗之中。未来是不可预测的，并且是以今天为起点的，所以我们能够切切实实地把握的只有现在，把握现在就等于踏上了成功的征程，也等于为未来奠定了基础。

其实无论做什么事情，只要从现在开始就无所谓太早或太迟，从一个行动开始，只要坚持下去必定会有收获。就像播下什么样的种子就会收获什么样的果实一样。只要我们从现在开始播下一个行动，把过去的收获和未来的憧憬连接起来，就会得到一生的充实！

在现实面前绝不做逃兵

直面现实，关注目前才是最重要的。那些不敢面对现实、在现实面前做逃兵的人，过的将是一辈子平庸的生活。

自从福鼎·克多隆有记忆起，文字就一直是他的克星。小时候上学，他总觉得书上的字母东跳西跳，永远也捉不到字母的读音。那时没人知道这叫阅读困难症。事实上，福鼎的左脑无法像正常人一样将文字之类的符号有次序地排列。

可怜的福鼎，他不敢开口告诉自己的老师自己面临多么大的难题。一年年熬过小学，又凭着在篮球场上的神勇表现进入了中学、大学。大学里，他还是对阅读怕得要命。为了混文凭，他到处打听哪一门课最容易通过。每堂课后，他一定立刻将在课堂上画的涂鸦给撕掉，免得有人跟他借笔记。

28岁那年，他贷款2500美元买了第二栋房子，加以装修后出租。后来，他的房子越买越多，生意愈做愈大，经过几年的经营，他已跻身百万富翁的行列。但没人注意到这位百万富翁总是去拉门把上写着"推"的门；而在进入公厕前，他一定会迟疑片刻，看有男士进出的门是哪一个。1982年经济不景气，他的生意一落千丈，每天都有人要对他提出诉讼或是没收抵押物。他唯恐会被提去证人席，接受法官的质询："福鼎·克多隆，你真的不识字吗?"

再这样逃避下去，福鼎的精神就要崩溃了。他要对自己、对所有人摊牌了。1986年的秋季，48岁的福鼎做了两个破天荒的决定。首先他拿自己的房子做贷款抵押，然后，他鼓起勇气走进市立图书馆，告诉成人教育班的负责人："我想学识字。"教育班安排了一位

65 岁的女士当福鼎的指导老师。她一个一个字母地耐心教导他，14个月后，他公司的营运状况开始好转，而他的识字能力也大有进步。

他后来在圣地亚哥的某个场合里公开自己曾经是文盲的事实。这项告白跌破了与会的 200 名商界人士的眼镜。为了贡献自己的一份心力，他加入了圣地亚哥识字推广委员会，开始到全国各地发表演说。"不识字是一种心灵上的残障。"他大声疾呼，"指责他人只是徒然浪费时间，我们应该积极教导有阅读障碍的朋友。"

福鼎现在一拿到书本或杂志，或是见到路标，便会大声朗读——只要妻子不嫌他吵。他甚至觉得读书的声音可以比歌声更美妙。有一天他突然灵光一现，兴冲冲地到储存室翻出一个沾满灰尘的盒子，里面有一叠用丝带绑着的信笺——没错，经过 25 年，他终于能看懂妻子当年写的情书了！

福鼎应该当之无愧地被称为"强者"。尽管有过彷徨和逃避，他还是鼓起勇气直面自己所处的环境。而弱者却总是逃避问题，想尽一切办法把自己封闭起来。其实，一味地逃避问题只会让问题变得越来越糟糕，以至于最后会真的无法控制。

不要逃避问题，不要低估问题，当然也不要低估你解决问题的能力。遇到问题很正常，就像千千万万的人也会遇到问题一样。首先你要对问题真正了解，这样你才谈得上发挥自己的潜力来解决。而要了解问题，就不能逃避。

回避现实往往导致对未来的理想化。你可能会觉得，在今后生活中的某一时刻，由于一个奇迹般的转变，你将万事如意，获得幸福。一旦你完成某一特别业绩——如毕业、结婚、生孩子或晋升，生活将会真正开始。然而，当那一时刻真的到来时，却十分令人失望。它永远没有你所想象的那么美好。因为在回避现实的消极心态的阴影下，生活依然如故。

　　事实上，我们每天的进步都是明日梦想的阶梯。承担起每天的责任，认真地过好每一天，我们的梦想才有意义。梦想对于人类的全体成员，都是一个可以触及的事物。不同的是，积极心态者用今日的行动把梦想变成目标，而悲观消极的人则把梦想当作逃脱责任的托词。

　　除了空想未来，怀旧也是对现实的一种逃避。说明我们对自己没有信心，兀自停留在想象中的美好之中。我们不敢正视现实，不敢担当责任，害怕竞争，恐惧失败。我们总是习惯性地用逃避来应付每一个问题，从来不考虑直接负责任的方式。

　　成功的人总是能够看到今日的责任和明天的希望，从不把过多的精力消耗在怀念过去"美好时光"的事情上，也不会去追悔过去的错误失败，或者幻想将来的种种舒适与自由。道理很简单——在这个时光空间中，你所唯一拥有和把握的，只有"此时此刻"。

今天是此生最好的一天

从清晨睁开眼的时候起，我们就要学着对自己说："今天是最好的一天！"要用全身心的爱迎接今天。不管昨天发生了什么事，都已成为过去，无法改变。不必为昨日遗憾，带着昨天的烦恼生活，只会让自己负重前行。纠正犯过的错误，积累奔向明天的力量，努力的今天，才是改变的关键。要告诫自己"不要让昨天的烦恼影响到今天的好心情，一切从现在开始吧！用最美的心情来迎接最值得珍惜的今天"。

只为今天，我要很快乐。假如林肯所说的"大部分的人只要下定决心都能很快乐"这句话是对的，那么快乐是来自内心，而不是依存于外在的。

只为今天，我要让自己适应一切，而不去尝试让一切来适应我的欲望。我要以这种态度接受我的家庭、我的事业和我的运气。

只为今天，我要爱护我的身体。我要多多运动，善加照顾、珍惜我的身体，使它能成为我争取成功的基础。

只为今天，我要加强我的思想。我要学一些有用的东西，我不要做一个胡思乱想的人。我要看一些需要思考及集中精力才能看的书。

只为今天，我要用三件事来锻炼我的体魄：我要为别人做一件好事，但不要让人家知道；我还要做两件平常并不想做的事……这就像威廉·詹姆斯所建议的，只是为了锻炼。

只为今天，我要做个让人喜欢的人，要修饰外表：衣着要得体，说话轻声，举止优雅，丝毫不在乎别人的毁誉。对任何事情都不挑毛病，也不会看不起别人或教训别人。

只为今天，我要试着考虑怎么度过今天，而不是把我一生的问题一次解决。因为，我虽然能连续 12 个小时做同一件事，但若要我长久下去，是不可能的。

只为今天，我要订出一个计划。我要写下每个小时该做些什么事，也许我不会完全照着做，但还是要仔细拟订这个计划，这样至少可以免除两个缺点——过分仓促和犹豫不决。

只为今天，我要让自己安静半个小时，轻松一下。在这半个小时里，我要想到我的生命充满希望。

只为今天，我要心中毫无恐惧。尤其是我不要惧怕快乐，我要去欣赏美的一切，去爱，去相信我爱的那些人也会爱我。

漫漫人生路，有谁能说自己是踏着一路鲜花，一路阳光走过来的？又有谁能够放言自己以后不会再遭到挫折和打击，我们没有看到成功的背后往往布满了荆棘和激流险滩！如果因为一时的受挫就轻易地退出“战场”，半途而废，到头来懊悔的只能是你自己；如果总是因为害怕失败而丢掉前行的勇气，就永远不会追求到心中的梦想，正如歌中所唱的，阳光它总是在风雨之后……

对于受挫于起点，失意于前段的黯然情结，命运会赐予它一件最妙的补偿，那就是从哪里跌倒，就从哪里爬起来，使他带着现实的态度，以现实的稳健步伐走下去，去履行自己的人生，去实现自身的价值。生命的好处，也正是在这个时候才像春天吐芽一般，一点一点地显露出来。人生的魅力，在于时时可以从痛苦的阴冷角落里启程，走向花明晴光的远途，走向没有遗憾的未来。即使千帆过尽，还有满载希冀的第 1001 艘船，只要心中的梦歌不灭，就不会被孤独地抛在岸边。不论在哪里，蒙受失败，都有机会从容整理行装，然后再欣然启程，这就是幸福的根蒂，也是你我永生的财富。

　　滴水足以穿石。您每一天的努力，即使只是一个小动作，持之以恒，都将是明日成功的基础。所有的努力，所有一点一滴的耕耘，在时光的沙漏里滴逝后，萃取而出的成果将是掷地有声、众人艳羡的"成功之果"。我是自然界最伟大的奇迹。

　　我不是随意来到这个世界上的。我生来应为高山，而非草芥。从今往后，我要竭尽全力成为群峰之巅，将我的潜能发挥到最大限度。我要吸取前人的经验，了解自己以及手中的货物，这样才能成倍地增加销量。我要字斟句酌，反复推敲推销时用的语言，因为这是成就事业的关键。我绝不忘记，许多成功的沟通，其实只有一套说辞，却能使他们无往不利。人生之光荣，不在永不失败，而在能屡仆屡起。对每次跌倒而立刻站起来、每次坠地反像皮球一样跳得更高的人，是无所谓失败的。人生是一条没有尽头的路，不要留恋逝去的梦，把命运掌握在自己手中，艰难前行的人生途中，就会充满希望和成功！

　　生命的奖赏远在旅途终点，而非起点附近。我不知道要走多少步才能达到目标，踏上第一千步的时候，仍然可能遭到失败。但成功就藏在拐角后面，除非拐了弯，我永远不知道还有多远。再前进一步，如果没有用，就再向前一点。事实上，每次进步一点点并不太难。从今往后，我承认每天的奋斗就像对参天大树的一次砍击，头几刀可能了无痕迹。每一击看似微不足道，然而，累积起来，巨树终会倒下。这恰如我今天的努力。

不计较过去的是非成败

　　计较过去，只会增加无数难挨的长夜。既然一切都过去了，就要放过去过去，放自己过去。收嗔怨，不纠缠，不计较，只为把每一个夜晚轻轻翻到黎明。强大的人，朝着有亮光的方向走。更强大的人，自己生成光亮。人的一生由无数的片段组成，而这些片段可以是连续的，也可以是风马牛毫无关联的。说人生是连续的片段，无非是人的一生平平淡淡、无波无澜，周而复始地过着循环往复的日子；说人生是不相干的片段，因为人生的每一次经历都属于过去，在下一秒我们可以重新开始，可以忘掉过去的不幸、忘掉过去不如意的自己。

　　在雨果不朽的名著《悲惨世界》里，主人公冉·阿让本是一个勤劳、正直、善良的人，但穷困潦倒，度日艰难。为了不让家人挨饿，迫于无奈，他偷了一个面包，被当场抓获，判定为"贼"，锒铛入狱。

　　出狱后，他到处找不到工作，饱受世俗的冷落与耻笑。从此他真的成了一个贼，顺手牵羊，偷鸡摸狗。警察一直都在追踪他，想方设法要拿到他犯罪的证据，把他再次送进监狱，他却一次又一次逃脱了。

　　在一个风雪交加的夜晚，他饥寒交迫，昏倒在路上，被一个好心的神父救起。神父把他带回教堂，但他却在神父睡着后，把神父房间里的所有银器席卷一空。因为他已认定自己是坏人，就应干坏事。不料，在逃跑途中，被警察逮个正着，这次可谓人赃俱获。

　　当警察押着冉·阿让到教堂，让神父辨认失窃物品时，冉·阿让绝望地想："完了，这一辈子只能在监狱里度过了！"谁知神父却温和地对警察说："这些银器是我送给他的。他走得太急，还有一件更名贵的银烛台忘了拿，我这就去取来！"

冉·阿让的心灵受到了巨大的震撼。警察走后，神父对冉·阿让说："过去的就让它过去，重新开始吧！"

从此，冉·阿让洗心革面，重新做人。他搬到一个新地方，努力工作，积极上进。后来，他成功了，毕生都在救济穷人，做了大量对社会有益的事情。

冉·阿让正是由于摆脱了过去的束缚，才能重新开始生活、重新定位自己。

人们也常说，"好汉不提当年勇"，同样，当年的辉煌仅能代表我们的过去，而不代表现在。面对过去的辉煌也好、失意也罢，太放在心上就会成为一种负担，容易让人形成一种思维定式，结果往往令曾经辉煌过的人不思进取，而那些曾经失败过的人依然沉沦、堕落。然而这种状态并非是一成不变的。

有一天，有位大学教授特地向日本明治时代著名禅师南隐问禅，南隐只是以茶相待，却不说禅。

他将茶水注入这位来客的杯子，直到杯满，还是继续注入。这位教授眼睁睁地望着茶水不停地溢出杯外，再也不能沉默下去了，终于说道："已经溢出来了，不要再倒了！"

"你就像这只杯子一样。"南隐答道，"里面装满了你自己的看法和想法。你不先把你自己的杯子空掉，叫我如何对你说禅呢？"

人生就是如此，只有把自己"茶杯中的水"倒掉，才能让人生倒入新的"茶水"。

生命的过程如同一次旅行，如果把每一个阶段的成败得失全都扛在肩上，今后的路只能越走越窄，直至死角末路。忘掉过去，才能重新启航！

把每一天都做得最好

"人生就是该人一日中所想的事情的呈现"，稍微再深入思考这句话的意思，就会悟到这是相当正确的。

该人一日中所想的事情是指一日 24 小时的思考状态，也就是从早上起床去公司上班，到结束工作、回家上床睡觉为止全部的心理状态。因此这段时间，不论你想到了什么，怎样行动，对你的心灵都大有影响。

更具体些的是对总是爱抱怨的人应提出下列的问题：

"是不是光会抱怨和说别人的坏话呢？"

"是不是光看见别人的缺点呢？"

"是不是对有钱的朋友嫉妒憎恨呢？"

"是不是对公司有不平或不满呢？"

"是不是一直憎恨合不来的上司呢？"

"是不是下意识地希望同事遭遇失败不幸呢？"

这样问过他们后，大部分的人都会点头："好像有道理！"

所谓的积极思考并不是只有一时性的正面思考，因为人生是由许多个一天组成的，在某种意义上，一天就是一生的缩影。过好每一天的人，其实就已过好了一生！

人生中，每一天都应该是进步的。

人生不可能一步到位，不要想一下子实现理想，先试着在短时间内从比较容易达到并符合个人能力的愿望开始。但有一点是必须特别注意的，那就是完成这个理想后，不要老是想着"只要这样子就好了!"而应朝更高一级的目标继续前进。

有人在实现了符合个人当时能力的愿望后就此满足,不再保持更高远的目标。有了这样的想法,迟早有一天会陷入后悔的窘境中。怎么说呢? 因为光想着维持现状,不知不觉地,热情就消失得无影无踪,失去积极的斗志。

人生要维持现状是不可能的,充满幸福的人生是在经常积极前进的过程中才能品味的。

在一家大公司宣传部当科长的 T 先生,自孩提时代就热爱绘画,抱着成为画家或设计师的梦想。然而在 10 岁时,父亲生意失败,负债累累,他不得不在中学毕业后打工赚钱。

进了公司三年后,他的命运出现转机。当时在工厂有一个关于安全活动的提案在征召人才,T 先生运用他所擅长的绘画能力去应征,结果脱颖而出折桂而归。而隔年机会又一次来临,T 先生的公司决定展开大型销售宣传活动,以销售员身份奔波于大电器行的他,用绘画才能制作漫画、附插图的户外广告宣传、附插图的电器用品说明书大为成功,并得到销售冠军的佳绩。

销售员必须每日提出报表,通常只要写出销售状况和实际成绩就行,但 T 先生不只如此,他特意买了照相机,拍下户外广告、传单和装饰得热闹非凡的店面照片,和报表一起送出。诸如此类一连串的工作情形,给人事部留下深刻印象:"那个叫 T 的公司职员是个挺有趣的家伙呢! 虽没什么学历但擅长出点子,干脆把他挖到宣传部来。"终于,他被挖到宣传部,成功地做到自己一直以来心仪已久的宣传设计工作。

由此可知,努力是会在某日突然得到结果的东西。

让我们用一个每天能发生快乐而富建设性思想的计划来为我们的快乐而奋斗吧! 如果我们能够照着做,我们就能消除大部分的负面情绪。

生活在一个完全独立的今天

在谈到成功秘诀时，威廉·奥斯勒博士说要生活在"一个完全独立的今天"里。

威廉奥斯勒博士对那些耶鲁的学生说："你们每一个人的机制都要比那条大海轮精美得多，而且要走的航程也遥远得多。我想奉劝诸位：你们也应该学会控制自己的一切。只有活在一个'完全独立的今天'中，才能在航行中确保安全。在驾驶舱中，你会发现那些大隔舱都各有用处。按下一个按钮，注意观察你生活中的每一个侧面，用铁门把过去隔断——隔断那些已经逝去的昨天；按下另一个按组，用铁门把未来也隔断——隔断那些尚未诞生的明天。然后你就保险了——你拥有所有的今天……切断过去。埋葬已经逝去的过去，切断那些会把智力障碍者引上死亡之路的昨天……明天的重担加上昨天的重担，必将成为今天的最大障碍。要把未来像过去那样紧紧地关在门外……未来就在于今天……从来不存在明天，人类得到拯救的日子就在现在。精力的浪费、精神的苦闷，都会紧紧伴随一个为未来担忧的人……那么，把船前船后的船舱都隔断吧。准备养成一个良好的习惯。生活在'完全独立的今天'里。"集中所有的智慧，所有的热诚，把今天的工作做得尽善尽美，这就是你迎接未来的最好方法。

当你在悔恨昨天和担忧明天的时候，"此时"已经悄悄地从你身边溜过了。所以请起身，狠狠地跺跺脚，抖落掉粘连在你身上任何阻碍你前进的想法和包袱，让自己轻装上阵吧，别忘了，要做好自己，不必去在乎别人的眼光和评价。

人生就是一串由无数的小烦恼和小挫折串成的念珠，豁达的人在数念珠时总是带着笑容。面对不如意的时候，拿一杯葡萄酒对着太阳看看，前途总是玫瑰色的，没有比这更可爱的了。生命太短了，不要因为小事而烦恼。

郁闷，也就是一个人忧郁寡欢的一种消极情绪表现。一个人长期忧郁寡欢可能导致悲观失望，情绪低落，缺少乐趣，缺乏活力，有的甚至会整日里自责自咎，严重的会产生轻生的念头。

每个心智健全的人都可能烦恼，而且是各式各样的意想不到的烦恼。在人生漫长的旅途中，还会遇到工作、学习和生活各个领域的形形色色的烦恼。正常的人不会无缘无故地烦恼，所以，当你觉得郁闷又袭击你时，问问自己："我为什么郁郁寡欢呢？"

每个人的一生都不是一帆风顺的，"天有不测风云，人有旦夕祸福"。有时生活中的挫折，工作上的不如意会让一个人烦恼不堪，尤其是当这个人很少经历失败时，一个小小的挫折也会让他情绪低落，顿生忧虑烦恼，宛如乌云见阳光。

对生活、工作的厌倦，也是一个人易忧郁的原因。当人们无法从"工作单调乏味，生活一成不变，每天都是前一天的重复而产生忧郁的心理"中解除出来时，烦恼就产生了，并不断膨胀，以至占据整个内心。

一些缺少目标的人也易产生烦恼。生活方向发生改变，生活重心失去了平衡，找不到自己的位置，于是在失望的黑暗中迷失了方向，内心只留下了伤痛与烦闷。

还有一些烦恼是自找的，人们总是因为今天的不完整而为明天忧虑，寻找不必要的烦恼。如果一个人忙碌地做一件事，他是不会感到烦恼的，也可以说他没有时间去顾及烦恼。

忧愁、烦闷可以使一些有才华的人沦为失败者，它们摧残意志不坚强者的志向，削弱他们还没有完全成熟的自信心。因此，可以说忧虑的心理是一个极为有害的心理腐蚀剂。

烦恼的最佳"解毒剂"就是运动。若发现自己有了解不开的烦恼，就让运动来把它挥散出去。这些活动可以是跑步，可以是打球，也可以到野外散散心，欣赏欣赏奇美绝妙的大自然。总之，适当的锻炼活动能使我们精神振奋，忘记悲伤，恢复信心。

另外，我们不要回避可能使人烦恼的事情，正视烦恼并平心静气地去考虑，积极努力地去解决。对所能预料的事，做好思想准备，以饱满的热情和充分的信心去迎接它。

如果做不成一个事事看得开的智者，却想让不如意不会找到自己头上，那么，就多结交一些情绪开朗的朋友，尝试做一个乐观的现实主义者，做一个坚强的人，当不如意找到你时也能坦然面对，把它打倒。

今天的磨难是明天的财富

成功永远只是少数人的事，因为只有少数人才有克服困难的能力。人是环境的动物，但无论环境如何，始终认为自己一定能成功的人最后一定会成功。这与要想破茧成蝶，就要经历许许多多的磨难是一个道理。

许展堂被称为"80年代冒起的新星，90年代举足轻重的生意人"和"香港新一代富豪中的佼佼者"。然而他被人们所关注，不过是近几年的事。1993年的春天，第八届全国政协会议召开，他被任命为全国政协常委的高层职务，这使他在人们眼中又增添了一些传奇色彩。

许展堂出身于富豪之家，生活衣食无忧。但是在他13岁时，情况突变。父亲的生意失败，没过多久又染上了肺痨去世，小展堂的生活从蜜罐掉进了苦海。当时他刚读完小学，只好被迫放弃读书，提前进入社会谋生。提起没有机会读书，他至今还心存遗憾。

年少的许展堂不得不涉足社会，面对人生。他曾从事过多种低微的职业，他卖过云吞面，也曾为商店翻新旧招牌，被安排打更等。这段光阴，是他一生中最为艰难的时间。

生活的艰辛，没有消磨他的意志，反而激发了他的斗志。他不甘心久居人下，白天辛苦地工作，晚上则去上夜校进修，学英语，阅读大量的历史书籍和名人传记，从中汲取伟人们的思想精华。

他坚信自己会成功。他凭借着自己的努力奋斗，渡过了一个又一个难关，抓住有利时机，拼搏奋斗，终于成了同辈中的佼佼者。他在困难面前所表现出的坚定信念，对我们每个人都是有益的启示。

在通往成功的路上，一个绝境就是一次挑战。如果你不是被吓倒，而是奋力一搏，也许这些挑战就会成为你成功的阶梯，也许你会因此而创造超越自我的奇迹。

张海迪5岁时因患脊髓病导致高位截瘫，自第二胸椎以下全部失去知觉，但她凭借着顽强的毅力自学英、日、德语和世界语，她还自学各种医学知识，为群众治病。她在遇到困难时，也从没有想过要逃避。因为她知道，她没有放弃生命的权利。坚强使她成为人们心目中的楷模，她也因此成了一个奇迹。

她没有把一切的不顺归之于命运。在命运的挑战面前，张海迪没有沮丧和沉沦，没有为自己身体的残缺而感到自卑。她以顽强的毅力与疾病作斗争，经受住了生活的严峻考验，生活的磨难使她对人生充满信心。

俗话说得好，没有过不去的坎。凭着这种信念可以激发自己的勇气，加强意志，完成工作，或是作为情绪低落时的一种自我安慰。如果能够这么想，相信你的心里不仅会好过一点儿，而且会恢复信心。

大部分的人都喜欢听他人谈成功的经验，而忘了问他们经受的困难。有的人在听过别人的成功之后，都会自叹不如。如果没有面对困难的勇气，就会使你失去信心，失去行动的勇气，结果只能一事无成。

在困难面前，我们要有必胜的信心，不要因为自己缺乏成功的信心而不敢面对困难。大凡成功者，他们现在的成功都是奠基于过去的生活的磨炼，而且目前的成功是他们感到骄傲的，所以对自己经历的困难更津津乐道，以此让别人了解他的努力。向充满信心的成功者请教失败的经验，同时也要知道他们以何种方法来克服失败。在和他们交谈之后，你会发觉：他们现在成功了，是因为他们面对生活的磨难，从不退缩。

绝处逢生后，我们就会知道困难没什么大不了。

我们应该相信，风浪后面将是平静的海洋，坎坷后面将是平坦的大道。有时成功与失败的区别仅仅是：成功者走了一百步，失败者走了九十九步，成功只比失败多走了一步而已。

成功和失败都不是一夜造成的，而是面对困难逐步积累的结果。因此，我们必须对人生道路上的曲折和困难有充分的认识和思想准备。由于人们的世界观不同、认识水平的不同以及所处的客观环境的不同，形成了各自独特的人生之路。但是不管人们的生活道路有何不同，有一点却是共同的：绝对笔直而又平坦的人生路是不存在的。因为，事物的发展是螺旋式或波浪式的发展过程，所以，人生道路的延伸也是直线和曲线的辩证统一。你在遇到困难和身处逆境时，不要茫然不知所措、灰心丧气，也不应因一时的挫折而轻言放弃。

成功不是将来才有的，而是从决定去做的那一刻起，持续累积而成。就像如果你曾经不是一只蛹，怎么能渴望会成为一只蝶？如果你希望成功，就要以恒心为良友，以经验为参谋，以谨慎为参谋，以希望为哨兵。对自己面临的一切困难，好好经营它们，终将会达到质的升华！

第七章
可怕的不是人生失意，而是心灵失控

没有理智的支配，任何事物都不会持久。

——昆图斯·恩纽斯（罗马诗歌之父）

让我们首先遵循理智吧，它是可靠的向导。

——法朗士（法国作家）

别和魔鬼做交易

冲动是人和魔鬼做一笔非常不划算的交易。在交易前，魔鬼告诉你：如果你购买了"冲动"，你就可以做你想做的任何事情，你可以通过冲动，使自己的情绪得到痛快淋漓的发泄。人听到这里，顿时呼吸急促、血压升高，迫不及待地签下契约。冲动过后，魔鬼会再次找上门来——它绝不会爽约。它会高举着契约，契约上面写满了你购买"冲动"所必须支付的成本。这个成本的清单很长，重要的条款如下：

1. 身心健康

生理学家认为：人的心与人的身组成了生命的整体，二者之间是相互调节与被调节、作用与被作用的关系。心情也就是情绪，它的好坏会影响身体的健康。心理医学家认为：对人不信任、心胸狭隘、情绪急躁、爱发脾气，对人的身心健康危害极大。人在冲动、发怒时，会引起精神的过度紧张，造成心脏、胃肠以及内分泌系统功能的失常，时间长了，必然要引起多种疾病，对身心健康大为不利。如麻疹病，多发于大起大落的波动中，偏头疼多数偏爱固执好斗或爱嫉妒的小心眼，癌症、高血压等更不用讲了。我们在各种影视片中，经常看到这样的镜头，某某主人公因受意外刺激，心脏病发作，当场晕倒，立即被送到医院急救。日常生活中也有一些人，由于好冲动、易发怒，最后导致神经衰弱，吃不好饭、睡不好觉，危害了身体健康。

2. 人际关系

情绪容易冲动的人往往脾气比较暴躁，与其他人交往时容易发生矛盾。而引起矛盾的诱因多数是因为一些小事，话不投机半句多，轻者发生争吵，重者拳头相向。试想，一个集体里有那么一两个人经常与周围的人发生摩擦，势必影响一个单位的团结。大家在一个集体里共同生活，都希望有一个和睦相处的环境，更希望得到周围人的尊敬和理解。而个别情绪容易冲动的人往往认为以声压人，以拳服人，就能建立自己的威望。其实刚好相反，如果你情绪容易冲动，动不动就跟周围的人过不去，别人要么联合起来打败你，要么不约而同对你敬而远之。长此以往，不仅得不到周围人的尊敬和理解，而且也会失去真正的朋友，失去友谊，以致感到孤独和寂寞。

这种对于人际关系的伤害，在家庭里则体现于对家人的伤害，造成家庭的不和睦、不和谐。

3. 个人前途

一个人行事冲动，给人的感觉是不稳重、不成熟。领导叫你招待客户，你却因为和客户之间的一点儿小摩擦而和客户大干一场，久而久之，谁还敢交给你重要的职务，交给你重要的工作？美国学者巴达拉克的著作《沉静领导》，认为新时代的领袖气质的共同特点是：内向、低调、坚忍、平和。归纳起来，沉静领导具有三大品格特征。第一，克制。他们坚持原则，但拒绝用英雄式的强硬态度来无所顾忌地达到目的，而总是选择自我克制。他们宁愿花更多的时间去了解真相，然后再耐心解决问题，而不是莽撞或者逃避。他们不是激进的，相反，他们通常选择谨慎，在权衡各方利益、深思熟虑之后，得出一个带有妥协印记的务实方案。第二，谦逊。他们认为自己的成功就像沙滩上的足迹一样，既不伟大，也不持久。他们在成功时，总是将镜子转向窗外，归功于身外，甚至是运气；而当他们受挫时，则总是将镜子对准自己，检讨自己做错了什么……他们并不追求伟大的构想和无上的光荣，同时也不会因为缺少光荣而放弃努力，因而能够承受挫折。这一点又直接引出了第三点。第三，执着。有学者指出："执着与勇敢的区别在于，前者是理性的坚持，而后者是感性的冲动。"他们的执着并非完全来自理想，相反他们能够客观地将私心与公心有机地结合，从而爆发更强烈、更持久的韧劲儿。

到这里，很多读者会发现：沉静领导之道，与我们传统的东方哲学——例如内敛、中庸、大智若愚等，不是很相近吗？文化是共通的，冲动在哪里都不会受到赞赏与奖赏。

4. 触犯刑律

在所有导致严重后果的冲动中，对社会、对自己危害最大的莫如"激情杀人"。在百度中以"激情杀人"为关键字搜索文章，约有4340000篇相关条目。有因为情人要求分手而动手的，有雇员因为受到侮辱而操刀的，有因为言辞冲突而挥铁棍的……这样的例子真是数不胜数，在下一节我们会着重谈这个话题。

冲动常与骄傲相伴

人不可无傲骨，但不可有傲气。傲骨在内，决不轻易展现；傲气在外，处处尽显锋芒。傲气表现在一个人的骄傲自大上，总以为"老子天下第一"，不把别人放在眼里，不将困难放在心上。在这种狂妄心态的支配下，人不冲动才怪。

西晋末年，秦王符坚率 90 万大军大举进攻东晋。这支号称百万的大军绵延千里、水陆并进。符坚骄傲地宣称："以吾之众旅，投鞭于江，足断其流。""投鞭断流"的典故即是来源于此。按理说，以百万之众对付数万东晋兵士，在冷兵器时代，根本就是老鹰抓小鸡的游戏。符坚因为在这场游戏中扮演的是"老鹰"的角色，所以在与"小鸡"东晋的战争中根本就不讲章法、不听劝告，率性而为，却不料被东晋的几万人马打得落花流水，被歼与逃散的士兵竟高达 70 多万！

经此一役，符坚统一南北的美梦彻底破灭。不仅如此，元气大伤的符坚政权也随之解体，符坚不久后死于乱军之中，前秦随之灭亡。符坚这个亏，吃得可谓不小，不仅失去了大军，还丢了性命，亡了国。

骄傲是一种恶习，它依赖的是一种资本，付出的是一种代价。越是骄傲的人，付出的代价越会沉重。一个人如果太骄傲了，就会藐视一切权威，藐视一切规则，变得妄自尊大，谁都瞧不起，谁都不放在自己的眼中，就会"不承认世界上有比他更强、更高的人，不承认客观实际，目空一切"，慢慢地整个世界变得似乎只有他一个人存在似的，严重脱离实际，最后，只能是孤家寡人。

一个人如果太骄傲了，他就会陷入一种莫名其妙的自我陶醉之中，一个不切实际的骄傲自大的陷阱之中，无论他人对他有多大的意见，有多少的说法和评价，这类人的"自我感觉"都永远是良好的，他永远生活在听不进批评的自我满足之中。西方近代哲学史重要的理性主义者斯宾诺莎说过："骄傲自大的人喜欢依附他的人或谄媚他的人，而厌恶高尚的人。……而结果这些人愚弄他，迎合他那软弱的心灵，把他由一个愚人弄成一个狂人。"

一个人如果太骄傲自大了，他就会失去对自我的客观的评价，越到后来，就越感觉自己了不起，感觉对方什么都不好，自觉不自觉地轻视了自己的竞争对手，从而在竞争中一败涂地。希腊有位叫希尔泰的学者说过这样的话："傲慢始终与相当数量的愚蠢结伴而行。傲慢总是在即将破灭之时，及时出现。傲慢一现，谋事必败。"骄傲自大是灭亡的先导。《左传》说："骄而不亡者，未之有也。"《孝经》说："居上而骄则亡。"太狂妄了，必然会造成一个人想当然去做事，结果就会自食其果。老舍曾经说过："骄傲自满是我们的一个可怕的陷阱；而且，这个陷阱是我们自己亲手挖掘的。"

骄傲的反义词是谦虚。谦虚是每个社会人必备的品格，具有这种品格的人，在待人接物时能温和有礼、平易近人、尊重他人，善于倾听他人的意见和建议，能虚心求教，取长补短。对待自己有自知之明，在成绩面前不居功自傲；在缺点和错误面前不文过饰非，能主动采取措施进行改正。

不论你从事何种职业，担任什么职务，只有谦虚谨慎，才能保持不断进取的精神，才能增长更多的知识才干。因为谦虚谨慎的品格能够帮助你看到自己的差距。永不自满，不断前进可以使人冷静地倾听他人的意见和批评，谨慎从事。否则，骄傲自大，满足现状，停步不前，主观武断，轻者使工作受到损失，重者会使事业半途而废。

　　具有谦虚谨慎品格的人不喜欢装模作样、摆架子、盛气凌人，而能够虚心地学习。

偏激之人容易失控

一个人有主见，有头脑，不随人俯仰，不与世沉浮，这无疑是值得称道的好品质。但是，这还要以不固执己见，不偏激执拗为前提。偏激与执拗往往如影随形。人一偏激，就有可能失控。而执拗却正好为失控打通了关节，谁也无法劝解与阻止他的失控。

性格和情绪上的偏激，是做人处世的一个不可小觑的缺陷。三国时期，那位汉寿亭侯关羽，过五关，斩六将，单刀赴会，水淹七军，是何等英雄气概。可是他致命的弱点就是偏激执拗。当他受刘备重托留守荆州时，诸葛亮再三叮嘱他要"北据曹操，南和孙权"，可是，当吴主孙权派人来见关羽，为儿子求婚时，关羽一听大怒，喝道："吾虎女安肯嫁犬子乎！"总是看自己"一朵花"，看人家"豆腐渣"，说话办事不顾大局，不计后果，导致了吴蜀联盟的破裂。本来嘛，人家来求婚，同意不同意在你，怎能出口伤人、以自己的个人好恶和偏激情绪对待关系全局的大事呢。假若关羽少一点儿偏激，不意气用事，那么，吴蜀联盟大约不会遭到破坏，荆州的归属可能也会是另外一种局面。

孙权派陆逊镇守陆口，关羽竟当着陆逊的使者讥讽道："孙权见识短浅，焉用孺子为将。"将青年才俊陆逊贬个一文不值。关羽不但看不起对手与盟友，还不把同僚放在眼里。名将马超来降，刘备封其为平西将军，远在荆州的关羽大为不满，特地给诸葛亮去信，责问说："马超能比得上谁？"老将黄忠被封为后将军，关羽又当众宣称："大丈夫终不与老兵同列！"他目空一切，气量狭小，盛气凌人。其他的人就更不在他眼里，一些受过他蔑视侮辱的将领对他既怕又恨，以致当他陷入绝境时，众叛亲离，无人救援，败走麦城，人头落地。

现实生活中，凡不能正确地对待别人的人，就一定不能正确地对待自己。见到别人做出成绩，出了名，就认为那有什么了不起，甚至千方百计诋毁贬损别人；见到别人不如自己，又冷嘲热讽，借压低别人来抬高自己。处处要求别人尊重自己，而自己却不去尊重别人。在处理重大问题上，意气用事，我行我素，主观武断。像这样的人，干事业、搞工作，成事不足，败事有余，在社会上恐怕也很难与别人和睦相处。

偏激执拗的人看问题总是戴着有色眼镜，以偏概全，固执己见，钻牛角尖，对人家善意的规劝和平等商讨一概不听不理。偏激的人怨天尤人，牢骚太盛，成天抱怨生不逢时，怀才不遇，只问别人给他提供了什么，不问他为别人贡献了什么。偏激的人缺少朋友，人们交朋友喜欢"同声相应，意气相投"，都喜欢结交饱学而又谦和的人。总是以为自己比对方高明，开口就梗着脖子和人家抬杠，明明无理也要搅三分的主儿，谁愿和他打交道？

性格的偏激与行事的执拗源于知识上的极端贫乏，见识上的孤陋寡闻，社交上的自我封闭意识，思维上的主观唯心主义等。对此，只有对症下药，丰富自己的知识，增长自己的阅历，多参加有益的社交活动，同时，还要掌握正确的思想观点和思想方法，才能有效地克服这种"一叶障目，不见泰山"的偏激心理。

得理不可紧咬不放

不知你有没有发现：人们看自己的过错，往往不如看别人那样苛刻。原因当然是多方面的，其中主要原因可能是我们对自己犯错误的来龙去脉了解得很清楚，因此对于自己的过错也就比较容易原谅；而对于别人的过错，因为很难了解事情的方方面面，所以比较难找到原谅的理由。

大多数人在评判自己和他人时，不自觉地用了两套标准。例如：如果我们发现了旁人说谎，我们的谴责会是何等严酷，可是哪一个人能说他自己从没说过一次谎？也许还不止一百次一千次呢！

或许是生活中有太多需要忍耐的不如意：被老板骂了，被妻子怨了，被儿子气了……这些都似乎需要无条件忍耐。有的人忍一忍，气就消了；有的人忍耐久了，心中的不平之气就如堤内的水位一样节节攀升。对于后者来说，一旦逮到一个合理的宣泄口子，心中的怒气极易如洪水决堤般汹涌而出，还美其名曰："理直气壮。"

做人要学会给他人留下台阶，这也是为自己留下一条后路。每个人的智慧、经验、价值观、生活背景都不相同，因此在与人相处时，相互间的冲突和争斗难免——不管是利益上的争斗还是非利益上的争斗。

大部分人一陷身于争斗的旋涡，便不由自主地焦躁起来，一方面为了面子，一方面为了利益，因此一旦自己得了"理"便不饶人，非逼得对方鸣金收兵或竖白旗投降不可。然而"得理不饶人"虽然让你吹着胜利的号角，但这也是下次争斗的前奏，因为这对"战败"的一方而言也是一种面子和利益之争，他当然要伺机"讨要"回来。

最容易步入"得理不饶人"误区的是在能力、财力、势力上都明显优于对方的人，也就是说你完全有本事干净利落地收拾对方。这时，你更应该偃旗息鼓、适可而止。因为，以强欺弱，并不是光彩的行为，即使你把对方赶尽杀绝了，在别人眼中你也不是个胜利者，而是一个无情无义之徒。

《菜根谭》中说："锄奸杜佞，要放他一条生路。若使之一无所容，譬如塞鼠穴者，一切去路都塞尽，则一切好物俱咬破矣。"所谓"狗急跳墙"，将对方紧追不舍的结果，必然招致对方不顾一切地反击，最终吃亏的还是自己，这也算是一种让步的智慧吧。

有一位哲人说过这么一句引人深思的话："航行中有一条公认的规则，操纵灵敏的船应该给不太灵敏的船让道。我认为，人与人之间的冲突与碰撞也应遵循这一规则。"

你是否容易失控冲动？

在本章结尾处，我们选取了来自我国台湾的一份心理测试题，以帮助各位更深入地了解自己是否属于冲动型性格的人。

《维纳斯心理测试》是一份杂志，由维纳斯于 2005 年 4 月创办于大陆。维纳斯目前的忠实读者已超 2000 万，遍布中国大陆、台湾、香港、澳门、新加坡、马来西亚等国家和地区。据维纳斯的热心读者统计，目前网络上流传的心理测试，约有 1/3 是维纳斯的作品。以下资料即来源于《维纳斯心理测试》。

测验开始：请从第一题开始回答，选出你较喜欢的选项，再依指示前往下一题继续回答。

Q1. 你是否喜欢游泳？

不喜欢，其实我有一点儿怕水。→Q2

喜欢，游泳是唯一让全身都能动到的运动。→Q3

Q2. 如果你必须找人问路，你会选择谁？

同性或是老一辈的人。→Q4

不会特定，或是找长相好的异性来问路。→Q5

Q3. 如果你正要出门，碰巧遇到大风雨，你会怎样？

还是出门，难得老天爷掉眼泪。→Q4

算了，干脆等雨停了再出去好了。→Q7

Q4. 夏天天气实在太热了，这时一瓶清凉的饮料出现在你面前，你会怎样？

当然是一口气把它喝完、喝干。→Q8

还是慢慢喝，总有喝完的一天。→Q6

Q5. 如果不小心，让你遇到一场血淋淋的车祸，你会怎样？

会有点儿不舒服，可是还是会继续看。→Q6

会感觉恶心，转头就走，不会看下去。→Q7

Q6. 如果经济能力许可，你会选择怎样的穿着？

会买好一点儿的衣服，但不会刻意追求名牌。→Q9

应该会买名牌，那毕竟质感好且较有保障。→Q10

Q7. 你是否有常常忘记钥匙放在哪儿或忘了拿的习惯？

有，而且次数还不少。→Q9

几乎很少，平时多会特别留意。→Q11

Q8. 你是否曾经为了偶像出现恋情而难过不已？

心真的很痛，没想到他竟然就这么被"抢"走了。→Q9

还好，一开始就知道彼此不可能，影响应该不会太大。→Q10

Q9. 你自己本身是否有美术天分呢？

没有，不是美术白痴就不错了。→A 型

有，虽然没受过训练，但总觉得有那样一份灵感。→Q10

Q10. 你看电视时，是否很容易就跟着入戏？

是啊，明知道是假的却还是哭得稀里哗啦的。→C 型

还好，要感动我的戏剧其实并不多。→Q11

Q11. 独自一个人住，你在家里会穿什么样的衣服？

反正没人知道，什么样的衣服都无所谓。→B 型

不会太随便，还是会维持一下形象。→D 型

诊断分析：

A 型：很小心的人

你是一个很小心的人，事事谨慎的你在做决定的时候会细细评估，结果就是因为想得太多了，连该做的事都没去做。你冲动指数不高，受人影响的指数却不低，所以极有可能会在旁人怂恿下做出

意想不到的事。

B 型：外冷内热的人

你是一个外冷内热的人，当你与不认识的人相识之初，会让人有一种严肃感，一旦认为对方可以信任，你甚至会将家中私事告诉对方，小心，这种"熟悉就会让你变得冲动"的血液可能会让你受骗上当。

C 型：活泼开朗的阳光型人物

你是一个活泼开朗的阳光型人物，拥有着乐于助人的个性，由于你常常会在不知不觉中将一些不该说的话脱口而出，久而久之，朋友们会认为你蛮冲动的。其实你并非有意伤害别人，建议你还是守口如瓶比较好。

D 型：很善于思考的人

你是一个很善于思考的人，你的言行举止都是经过思考的，即使有人想要陷害你也很难。你的冲动指数非常低，是个值得信赖的朋友。只不过，防御心强的你看起来朋友虽然很多，却比较缺少谈心的对象。

第八章
真正的自由来自自制

每一种享乐，如无节制，都可破坏它本身的目的。

——马尔萨斯（英国人口学家）

一分克制，就是十分力量

如果我们将冲动比作一匹脱缰撒野的烈马，那么自制力就是能够有效制服这匹烈马的缰绳。所谓自制力，书面的定义是指一个人在意志行动中善于控制自己的情绪，约束自己的言行。而通俗地说，自制力指的就是自我控制的能力。

一个人自制力的高低，主要体现在两个方面：一方面能够在日常生活与工作中克服不利于自己的恐惧、犹豫、懒惰等；另一方面应善于在实际行动中抑制冲动行为。这两个方面相辅相成。也就是说，一个能够克服不利于自己的恐惧、犹豫、懒惰等，相对来说也更善于在实际行动中抑制自己的冲动行为。

自制力对人走向成功起着十分重要的作用。自古代百科全书式科学家亚里士多德，到近代的哲学家们都注意到："美好的人生建立在自我控制的基础上。"自制力是实现自我价值的重要元素，是人生转折和飞跃的保险绳。有了较强的自制力，我们在前进的道路上便不会迷失方向，便不会被各种外物所诱惑，不会因为其他事情而影响了自己的判断。

自制的人生更自由

没有自由，人如同笼里的鸟，即使是黄金做的笼子，也断无快乐幸福可言。但在追求自由的路人，别忘了"自制"这个词。没有自制，必受他制。自由来自自制。

例如：每个人都有享受美食的自由，可是当这种自由因为无限的扩张而失去控制时，自由就会被肥胖以及由此带来的一系列疾病所束缚，节食和减肥就是在享受这种自由后不得不付出的代价。

抽烟、喝酒也一样。当做不到自制地享受这些自由时，那无疑是在作茧自缚，并有可能从此被剥夺享受这些自由的权利。

更极端的是，一些不知自制或不能自制的人，见色起心或见财生念，一时冲动做出违背刑律的荒唐事，将自己送入囹圄，彻底告别自由。

控制自己不是一件容易的事情，因为我们每个人心中永远存在着理智与情感的斗争。自我控制、自我约束也就是要一个人按理智判断行事，克服追求一时情感满足的本能愿望。一个真正具有自我约束能力的人，即使在情绪非常激动时，也是能够做到这一点的。

自我约束表现为一种自我控制的感情。自由并非来自"做自己高兴做的事"，或者采取一种不顾一切的态度。如果任凭感情支配自己的行动，那便使自己成了感情的奴隶。一个人，没有比被自己的感情所奴役更不自由的了。

无法自制的人难以取得卓越的成就。所有的自由背后都有严格的自制作保证，人一旦无法控制自己的情绪、惰性、时间、

145

金钱……那他将不得不为这短暂的自由付出长远的、备受束缚的代价。

无法自制定被他制。如果不希望被他人判处约束的"无期徒刑"或"死刑"，你就得好好管住自己。

先自制再制人

有一次，小江和办公大楼的管理员发生了一场误会，这场误会导致了他们两人之间彼此憎恨，甚至演变成激烈的敌对态势。这位管理员为了显示他对小江的不满，在一次整栋大楼只剩小江一个人时，立即把整栋大楼的电闸关掉。这种情况发生了几次，小江决定进行反击。

一个周末的下午，机会来了。小江刚在桌前坐下，电灯灭了。小江跳了起来，奔到楼下锅炉房。管理员正若无其事地边吹口哨边铲煤添煤。小江恼羞成怒，以异常难听的话辱骂对方，而出人意料的是，管理员却站直身体，转过头来，脸上露出开朗的微笑，他以一种充满镇静与自制力的柔和声调说道："呀，你今天晚上有点儿激动吧?"

完全可以想象小江是一种什么感觉，面前的这个人是一位文盲，有这样那样的缺点，但他却在这场战斗中打败了小江这样一位高层管理人员。况且这场战斗的场合以及武器都是小江挑选的。

小江非常沮丧，他恨这位管理员恨得咬牙切齿，但是没用。回到办公室后，他好好反省了一下，觉得唯一的办法就是向那个人道歉。

小江又回到锅炉房，轮到那位管理员吃惊了："你有什么事?"

小江说："我来向你道歉，不管怎么说，我不该开口骂你。"

这话显然起了作用，那位管理员不好意思起来："不用向我道歉，刚才并没人听见你讲的话，况且我这么做，只是泄泄私愤，对你这个人我并无恶感。"

147

你听，他居然说出对小江并无恶感这样的话来。小江非常感动，两人就那么站着，居然还聊了一个多小时。

从那以后，两人成了好朋友。小江也从此下定决心，以后不管发生什么事，绝不再失去自制。因为一旦失去自制，另一个人——不管是一名目不识丁的管理员还是一名知识渊博的人——都能轻易将他打败。

这件事告诉我们：一个人必须先控制住自己，才能控制别人。

自制不仅仅是人的一种美德，在一个人成就事业的过程中，自制也可助其一臂之力。

有所得必有所失，这是定律。因此，要想取得并非是唾手可得的成功，就必须付出努力，自制可以说是努力的同义语。

自制，就要克服欲望，人有七情六欲，此乃人之常情。食色美味，高屋亮堂，每个人都想得到，但是要得之有度，不能操之过急，一味追逐。否则沉溺其中，不能自拔，不仅会导致力竭精衰，还有可能会使人颓废不振，空耗一生。

人最难战胜的是自己。换句话说，一个人成功的最大障碍不是来自外界，而是自身，除了力所不能及的事情做不好之外，自身能做的事不做或做不好，那就是自身的问题，是自制力的问题。

一个成功的人，他是在大家都做情理上不能做的事时，他自制而不去做；大家都不做情理上应做的事，而他强制自己去做。做与不做，克制与强制，这就是取得成功的因素。

理智者，理性智慧

"理智"的"理"是理性，是逻辑化的主见；"智"是智慧，是机智行事的方法。《现代汉语词典》对于"理智"词条的解释为：辨别是非、利害关系以及控制自己行为的能力。一个理智的人，有主见，又有方法，做事说话知进退、懂轻重、明缓急。

人的七情六欲最难控制，种种冲动皆源于此。所谓七情，指的是喜、怒、哀、惧、爱、恶、欲；所谓"六欲"，指的是对异性的色欲、形貌欲、姿态欲、言语声音欲、细滑欲、人相欲（后来有人把此概括为见欲、听欲、香欲、味欲、触欲、意欲）。佛家认为：人世间的种种痛苦，皆来自七情六欲，因此主张灭绝情欲。灭绝情欲对于凡夫俗子来说是很困难的，何况有情欲也并非坏事，人类的发展与历史进步的动力，在很大程度上就是源于人的情欲。因此，有情欲也并非坏事，有情欲的人才有情商。只是，人的情欲不可放纵，不能让情欲牵着自己走，而要用理智的绳索牵着情欲走。

一个理智的人，中了巨额大奖也不会醉生梦死、花天酒地。一个有理智的人，即使面对百般羞辱也能保持冷静，而不会一触即跳或走极端，使自己在愤怒中迷失方向。乐不可极，乐极生悲；欲不可纵，纵欲成灾。一个人失去了理智，就得准备接受打击和惩罚。因为理智不允许做的事，都是在寻常状态下不应该做或不能够做的事。

理智不但是一种明智，更是一种胸怀，没有胸怀的人，总是缺少理智。而一个没有胸怀和缺少理智的人则难成大器。"所取者远，则必有所待；所就者大，则必有所忍。"古往今来，大抵如此。

理智还是一种权衡。权衡轻重缓急，扬长避短，可让自己走向成功。而一个好冲动的人，却较少考虑自身条件，凭着一时的冲动去行动，到头来一事无成，枉费了许多精力和时间。

遗憾的是，人的理智有时是很脆弱的，甚至不堪一击。特别是在面对强烈感情的时候。吴三桂冲冠一怒为红颜，合"情"却不合"理"。正是这种行事的不理智，造就了吴三桂悲剧的一生。我们或许做不到"诸葛一生唯谨慎"，却应努力做到"吕端大事不糊涂"。

1965 年 9 月 7 日，世界台球冠军争夺赛在美国纽约举行。路易斯·福克斯的得分一路遥遥领先，只要再得几分便可稳拿冠军了，就在这个时候，他发现一只苍蝇落在主球上，他挥手将苍蝇赶走了。可是，当他俯身击球的时候，那只苍蝇又飞回到主球上来了，他在观众的笑声中再一次起身驱赶苍蝇。这只讨厌的苍蝇破坏了他的情绪，而更为糟糕的是，苍蝇好像是有意跟他作对似的，他一回到球台，它就又飞回到主球上来，引得周围的观众哈哈大笑。路易斯·福克斯的情绪恶劣到了极点，他终于失去了理智，愤怒地用球杆去击打苍蝇，球杆碰动了主球，裁判判他击球，他因此失去了一轮机会。之后，路易斯·福克斯方寸大乱，连连失分，而他的对手约翰·迪瑞则愈战愈勇，超过了他，最后夺走了冠军。第二天早上，人们在河里发现了路易斯·福克斯的尸体，他投河自杀了！

一只小小的苍蝇，竟然击倒了所向无敌的世界冠军！路易斯·福克斯夺冠不成反被夺命，其中的教训可谓深刻。

控制情绪三原则

　　控制自己的情绪和行为，是一个人有教养和成熟的表现。可是在生活和工作中，常常会有这样的人，他们总是为一点儿小事而大动干戈、发脾气，闹得鸡犬不宁，既破坏了和谐的工作环境，也破坏了同志间的团结。心理学家认为，冲动是一种行为缺陷，它是指由外界刺激引起，突然爆发，缺乏理智而带有盲目性，对后果缺乏清醒认识的行为。

　　有关研究发现，冲动是靠激情推动的，带有强烈的情感色彩，其行为缺乏意识的能动调节作用，因而常表现为感情用事、鲁莽行事，既不对行为的目的做清醒的思考，也不对实施行为的可能性作实事求是的分析，更不对行为的不良后果做理性的评估和认识，而是一厢情愿、忘乎所以，其结果往往是追悔莫及，甚至铸成大错、遗憾终生。

　　增强自制力，可以使我们有更多的机会获得成功的体验，使自己更加理智，遇事更为冷静，从而进入良性循环，使自我得到健康积极的发展。

　　有了较强的自制力，可以使人具有良好的人格魅力，增强自己的亲和力，更容易得到别人的认同，拥有更多的朋友和知己，使自己的交际范围更为广泛，在与朋友的交往中学习别人的优点，吸取别人的教训，进一步完善自我。

　　自制力可以使我们激励自我，从而提高学习效率；也可以使自己战胜弱点和消极情绪，从而实现自己的理想。怎样培养和增强自己的自制力呢？从理论上讲可以从以下几个方面进行。

1. 认识自我，了解自我，深入自己的内心

人最大的敌人不是别人，而是自己。只有认识自我，在取得成绩时，才能保持平常的心态，不会因此而骄傲自满，丧失自我，对自己的能力进行过高的估计；只有认识自我，在遇到挫折和失败时，才不会被其击倒，一如既往地为着自己既定的目标而努力，不会对自己进行过低的评价。任何人都不可能一帆风顺地就成功了，也没有任何事情是不需要付出任何一点儿努力就能完成的。当我们遇到挫折时，当我们因为各种原因而后退时，我们就必须重新认识自我，只有在正确认识自我的基础上，我们才能重新找回自己的航行坐标，朝胜利方向前进。

我们随便找几个人问他了解不了解自己，得到的回答一般说来都是肯定的。很多时候，人们总是认为自己对自己最为了解，其实，你真的了解了自己吗？不，其实很多人根本不了解自己，根本不能正确地认识自己。

很多时候，我们总认为自己是对的，但当事情有了结果之后，我们才发现自己的错误，我们常常以为自己完全了解自己，其实我们是被自己蒙蔽了，或者说我们自己不愿意去正确地认识自己，我们情愿被自己的表象所麻痹。

怎样才算是认识自己了呢？认识自我，就是对自己的性格、特点、长处、短处、理想、生存目的、价值观、兴趣、爱好、憎恶、心理状态、身体状态、生活规律、家庭背景、社会地位、交际圈、朋友圈、现在处于人生的高峰还是低谷、长期或短期目标是什么、最想做的事是什么、自己的苦恼是什么、自己能够做什么、自己不能做成什么等方面做出正确全面的综合评估。

2. 学会控制自己的思想，而不是任由思想支配

人的具体活动，都是由思想进行先导，每个行为都受着思想的控制，有的是无意的，有的是有意的。但是，思想是构建在肢体之上的，它必须起源于我们的身体。在思想控制活动之前，我们一定要先主动积极地对其进行正确的引导，或者控制，修正其中的错误，发出正确的行动指令。这样，我们的行为才会减少冲动因素，我们的情绪更为稳定，能更为理性地看待问题。

要想控制思想，让其受我们自身的驾驭，就要知道自己想做什么，能做什么，不能做什么。当明确了这些之后，我们在思想上就可以为自己的行为定下一个准则，利用这个准则来指导自己该做什么，不该做什么。

要想掌控自己的思想不是件容易的事情，在活动进行的过程中，我们原先为自己定下的准则会时不时地受到各种因素的影响，使得我们所坚持的准则开始动摇甚至坍塌，所以，在活动进行的过程中，我们要时常检讨自己的行为，思考自己的得失，减少冲动、激进的心理，这样才能重新夺回思想的控制权，使自己的行为更为理性。

3. 树立远大的目标

一个有远大目标的人，能不太理会身边的嘈杂而专注前行；一个想去麦加朝圣的行者，不会轻易在路途中听别人的话而改变路线，也不会轻易因别人的挑衅而拔刀相向。勾践因为有复国雪耻的目标，因此不会因为夫差的羞辱而冲动。

因为有了努力的方向，所以不会盲目行动；因为身负重任，所以心无旁骛前行。有了自己最想完成的目标，我们的思想和行为或多或少都会受其影响，在一定程度上可以矫正我们的思想和行为，对我们自制力的增强将会起到积极的作用。

从小事培养自制力

如果你今天早上计划做某件事，但因昨晚休息得太晚而困倦，你是否会义无反顾地披衣下床？

如果你要远行，但身体乏力，你是否要停止远行的计划？

如果你正在做的一件事遇到了极大的、难以克服的困难，你是继续做呢，还是停下来等等看？

对诸如此类的问题，若在纸面上回答，答案一目了然，但若放在现实中，自己去拷问自己，恐怕也就不会回答得这么利索了。眼见的事实是，有那么多的人在生活、工作中遇到了难题，都被打趴下了。他们不是不会简单地回答这些问题，而是缺乏自制力，难以控制自己。

要拥有非凡的自制力，并非看几本书，发几个誓就能立刻见效。九尺之台，起于垒土。通过一件又一件的小事来锻炼自己的自制力，是提升自己自制力的一个切实可行的方法。

1976 年，曾连续二十年保持美国首富地位的"石油大王"，象征石油财富和权力的保罗·盖蒂去世，留下巨额遗产，按照他的遗嘱，将 20 多亿的遗产中的 13 亿美元交"保罗·盖蒂基金会"。

保罗·盖蒂曾不止一次地对他的子女们说：一个人能否掌握自己的命运，完全依赖于自我控制力。如果一个人能够控制自己，他就不必总是按喜欢的方式做事，他就可以按需要的方式做事。这正是人生成功的要点。

保罗·盖蒂是一个富家子弟，年轻时不爱读书爱浪荡。有一次，他开着车在法国的乡村疾驰，直到夜深了，天下起大雨，他才在一个小城镇找一家旅馆住下来。

他倒在床上准备睡觉时，忽然想抽一支烟。取出烟盒，不料里面却是空的。由于没有烟，他就更想抽烟了。他索性从床上爬起来，在衣服里、旅行包里仔细搜寻，希望能找到一支不小心遗漏的烟。但他什么也没有找到。

他决定出去买烟。在这个小城镇，居民没有过夜生活的习惯，商店早就关门了。他唯一能买到烟的地方是远在几公里之外的火车站。当他穿上雨鞋、披上雨衣，准备出门时，心里忽然冒出一个念头："难道我疯了吗？居然想在半夜三更，离开舒适的被窝，冒着倾盆大雨，走好几公里路，目的只是为了抽一支烟，真是太荒唐了！"

他站在门口，默默思考着这个近乎失去理智的举动。他想，如果自己如此缺少自制力，能干什么大事？

他决定不去买烟，重新换上睡衣，躺回被窝里。

这天晚上，他睡得特别香甜。早上醒来时，他浑身轻松，心情很愉快。因为他彻底摆脱了一个坏习惯的控制。从这天开始，他再也没有抽过烟。

对于保罗·盖蒂来说，戒烟的真正意义不在于戒烟本身，而在于戒烟成功后对自己意志与自制力的磨炼与提升。因此，对于本节前面所提的点滴小事，若能有所警醒，和惰性、惯性作一些斗争并最终取胜，对于自己自制力的提升会有莫大的帮助。

装傻，傻人自有傻人福

人们常说：傻人有傻命。为什么呢？因为人们一般懒得和傻人计较——和傻人计较的话自己岂不也成了傻人？也不屑和傻人争夺什么——赢了傻人也不是一件什么光彩的事情。相反，为了显示自己比傻人要高明，人们往往乐意关照傻人。因此，傻人也就有了傻命。

美国第九届总统威廉·亨利·哈里逊出生在一个小镇上，他儿时是一个很文静又怕羞的老实人，以至于人们都把他看成傻瓜，常喜欢捉弄他。他们经常把一枚五分硬币和一枚一角的硬币扔在他的面前，让他任意捡一个，威廉总是捡那个五分的，于是大家都嘲笑他。

有一天一位可怜他的好心人问他："难道你不知道一角要比五分值钱吗？"

"当然知道，"威廉慢条斯理地说，"不过，如果我捡了那个一角的，恐怕他们就再没有兴趣扔钱给我了。"

你说他傻吗？

《红楼梦》中的主要人物之一薛宝钗，其待人接物极有讲究。元春省亲与众人共叙同乐之时，制一灯谜，令宝玉及众裙钗粉黛们去猜。黛玉、湘云一干人等一猜就中，眉宇之间甚为不屑，而宝钗对这"并无甚新奇""一见就猜着"的谜语，却"口中少不得称赞，只说难猜，故意寻思"。有专家们一语破"的"：此谓之"装愚守拙"，因其颇合贾府当权者"女子无才便是德"之训，实为"好风凭借力，送我上青云"之高招。这女子，实在是一等一的装傻高手。

　　真正的聪明人在适当的时候会装装傻。明朝时，况钟从郎中一职转任苏州知府。新官上任，况钟并没有急着烧所谓的三把火。他假装对政务一窍不通，凡事问这问那，瞻前顾后。府里的小吏手里拿着公文，围在况钟身边请他批示，况钟佯装不知所措，低声询问小吏如何批示为好，并一切听从下属们的意见行事。这样一来，一些官吏乐得手舞足蹈，都说碰上了一个傻上司。过了三天，况钟召集知府全部官员开会。会上，况钟一改往日愚笨懦弱之态，大声责骂几个官吏：某某事可行，你却阻止我；某某事不可行，你又怂恿我。骂过之后，况钟命左右将几个奸佞官吏捆绑起来一顿狠揍，之后将他们逐出府门。

　　"装傻"看似愚笨，实则聪明。人立身处事，不矜功自夸，可以很好地保护自己。即所谓"藏巧守拙，用晦如明"。

　　"愚不可及"这句话已经成为生活中的常用语，用来形容一个人傻到了无以复加的程度。但要是查一下出处，此话最早还出于孔子之口，原先并不带贬义，反而是一种赞扬："子曰：'宁武子，邦有道则知，邦无道则愚。其知可及也，其愚不可及也。'"（《论语·公冶长》）

　　宁武子是春秋时代卫国有名的大夫，姓宁，名俞，武是他的谥号。宁武子经历了卫国两代的变动，由卫文公到卫成公，两个朝代国家局势完全不同，他却安然做了两朝元老。卫文公时，国家安定，政治清平，他把自己的才智能力全都发挥了出来，是个智者。到卫成公时，政治黑暗，社会动乱，情况险恶，他仍然在朝做官，却表现得十分愚蠢鲁钝，好像什么都不懂。但就在这愚笨外表的掩饰下，他还为国家做了不少事情。所以，孔子对他评价很高，说他那种聪明的表现别人还做得到，而他在乱世中为人处世的那种包藏心机的愚笨表现，则是别人所学不来的。其实，人们真正学不到的是宁武子的那种不惜装傻以利国利民的情操。

在我们的周围，总有些人喜欢处处表现自己。爱表现自己固然没有错，但在一些场合却是一个缺失，会把某些关系搞糟，会把某些事情搞坏。比如，你的领导在场的场合里，一旦遇有困难或问题需要解决，只要不是领导点名让你谈看法、拿意见，一般来说，你切不可唐突发言满怀自信地谈你的看法，并提出处理意见。因为很多情况下，领导需要维护自己的面子、需要体现出自己的高明，所以，你最好装傻，多分析问题，而把解决问题的点子，让给领导，其结果是：问题解决了，也体现了领导的高明。那么，久而久之，你的领导一定喜欢和你一起共事，也会渐渐地欣赏你。反之，遇事总显得你比领导高明，那么领导的面子往那里放？若是让领导觉得你挡光，他还会把你放在前台吗？

装傻是一种大智慧、大谋略。懂得装聋作哑的人，要少惹多少是非啊。

大智若愚在生活当中的表现是不处处显示自己的聪明，做人低调，从来不向人夸耀自己抬高自己，做人原则是厚积薄发，宁静致远，注重自身修为、层次和素质的提高，对于很多事情持大度开放的态度，有着海纳百川的心态，从来没有太多的抱怨，能够真心实意地踏实做事，对于很多事情要求不高，只求自己能够不断得到积累。

难得糊涂，受益无穷

"难得糊涂"出自清代画家郑板桥，原文书法怪异而大气，后加小字注为："聪明难，糊涂难，由聪明而转入糊涂更难。放一着，退一步，当下心，安非图，后来福报也。"

"难得糊涂"这四字箴言通俗易懂，因而广为流传，至今成为许多人处世待人的原则和方法。

但是，往往看起来越是简单易行的东西做起来就越难，"难得糊涂"就是如此。多少年来，许多人都以"难得糊涂"作为处世做人的箴言，但真正领悟出其中真意的人却是少之又少。因为"难得糊涂"并非努力就能做到的，努力做到的糊涂也有，但它看起来更像是装糊涂而非"难得糊涂"。

"难得糊涂"是对小恩小怨的不执着、不计较，是性存忠厚，是对弱小者的体恤宽容，是一种良好的道德修养。纵观世人，多对人斤斤计较，对别人的缺点用放大镜来看，连毛孔粗细都瞧得真真切切、明明白白，而对于自己，却是稀里糊涂，从不曾拿个照妖镜来照照自己又是何方神圣，这是人性的弱点。若世人都能换个视角，对自己多检点，对别人"难得糊涂"，从此天下太平矣！当然，这种"难得糊涂"是用在善良弱小或是亲朋好友的小毛病、小缺点或是内部矛盾上，在大是大非面前是绝不可"难得糊涂"的，这也是一个做人的准则问题。

难得糊涂，人才会清醒，才会清静，才会有大气度，才会有宽容之心。可见，难得糊涂不是真糊涂，而是不糊涂。

一个人在处世、生活中学会难得糊涂，会在很多方面受益无穷：

第一，避免矛盾和纷争。生活中的许多小事，如果我们采取难得糊涂的态度，睁一只眼闭一只眼，很容易小事化了。而如果你一点儿都不糊涂，一是一，二是二，矛盾、纷争、甚至流血牺牲都有可能发生。生活中有很多精明的人总是喜欢揪别人的辫子，抓别人的缺点，以为这样做可以显示自己比他人高明。实际上，这种语言、行为上的丝毫不糊涂，却是造成两个人关系疏远、分道扬镳甚至成为仇敌的根本原因。

第二，可以使自己心态平和。与人交往、处世的关键是要使人心情愉快，而心态平和是心情愉快的前提，难得糊涂就可以使一个人心态平和。如果你是一个牙尖嘴利、眼尖手快的人，你必然会发现一些别人注意不到的东西，如果你一笑置之，不加追究，不久你就会忘掉这些东西；而一旦你觉得自己无法不站出来、非要给他人一个昭示的话，既弄得他人满心不快活，恐怕连你自己的心也难以平静下来。

一个老和尚和一个小和尚来到河边，一个年轻姑娘正犹豫着如何过河，看到和尚们来了，便求和尚帮助。老和尚念了一声"善哉"，便抱着姑娘过了河，姑娘千恩万谢地走了。走了相当长一段路，小和尚突然问："出家人，不近女色，师父你犯戒了。"老和尚哈哈大笑道："我早就放下了，怎么你还抱着?"小和尚惭愧地面红耳赤。

很多人在处世时就像这个不懂真谛的小和尚，总不自觉地使自己的心态处于不平和之中。

第三，与己方便。人常说："给人方便，与己方便。"难得糊涂无非就是给人方便，给人方便，人就会对你也方便。两个过于精明的人就像两只正在酗斗的公鸡一样，非要分出个你胜我负来，这于双方的身心是没有什么益处的。

糊涂如一挑纸灯笼，明白是其中燃烧的灯火。灯亮着，灯笼也亮着，便好照路；灯熄了，它也就如同深夜一般漆黑。灯笼之所以需要用纸罩在四周，只是因为灯火虽然明亮但过于孱弱，还容易灼伤他人与自己，因此需要适当地用纸隔离，这样既保护了灯火也保护了自己和别人。明白也需要糊涂来隔离。给明白穿上糊涂的外套，既需要处世的智慧，又需要处世的勇气。很多人一事无成，痛苦烦恼，就是自认为自己明白，缺乏"装糊涂"的明白与勇气。

其实糊涂者哪里是真的糊涂，他们只是因为看清了、看透了，明白与清醒到了极致，在俗人的眼里才成了糊涂而已。

如何改掉坏脾气

一提到"脾气"，许多人都会认为是"脾"之"气"，是与生俱来无法改变的。因此，那些脾气不好的人，大抵是一贯如此，直至老死仍无任何改变。脾气不好的人，最容易冲动。

从前，有个脾气极坏的男孩，到处树敌，人人见到他都唯恐避之不及。男孩也为自己的脾气而苦恼，但他就是控制不住自己。

一天，父亲给了他一包钉子，要求他每发一次脾气，都必须用铁锤在他家后院的栅栏上钉一个钉子。

第一天，小男孩一共在栅栏上钉了 37 个钉子。过了一段时间，由于学会了控制自己的愤怒，小男孩每天在栅栏上钉钉子的数目逐渐减少了。他发现控制自己的脾气比往栅栏上钉钉子更容易，小男孩变得不爱发脾气了。

他把自己的转变告诉了父亲。父亲建议说："如果你能坚持一整天不发脾气，就从栅栏上拔掉一个钉子。"经过一段时间，小男孩终于把栅栏上的所有钉子都拔掉了。

父亲拉着他的手来到栅栏边，对小男孩说："儿子，你做得很好。可是，现在你看一看，那些钉子在栅栏上留下了小孔，它们不会消失，栅栏再也不是原来的样子了。当你向别人发脾气之后，你的那些伤人的话就像这些钉子一样，会在别人的心中留下伤痕。你这样就好比用刀子刺向某人的身体，然后再拔出来。无论你说多少次对不起，那伤口都会永远存在。其实，口头对人造成的伤害与伤害人们的肉体没什么两样。"

还有一个故事也颇能说明我们的观点。

有位脾气暴躁的弟子向大师请教，"我的脾气一向不好，不知您有没有办法帮我改善？"

大师说："好，现在你就把'脾气'取出来给我看看，我检查一下就能帮你改掉。"

弟子说："我身上没有一个叫'脾气'的东西啊。"

大师说："那你就对我发发脾气吧。"

弟子说："不行啊！现在我发不起来。"

"是啊！"大师微笑说，"你现在没办法生气，可见你暴躁的个性不是天生的，既然不是天生的，哪有改不掉的道理呢？"

如果你觉得情绪失控，怒火上升，试着延缓 10 秒钟或数到 10，之后再以你一贯的方式爆发，因为，最初的 10 秒钟往往是最关键的，一旦过了，怒火常常可消弭一半以上。

下一次，试着延缓 1 分钟，之后，不断加长这个时间，1 天、10 天，甚至 1 个月才生一次气。一旦我们能延缓发怒，也就学会了控制。自我控制能力是一个人的内在本质。

记住，虽然把气发出来比闷在肚子里好，但根本没有气才是上上策。不把生气视为理所当然，内心就会有动机去消除它。其具体方法如下：

办法一：降低标准法。经常发脾气可能和你对人对事要求过高过苛刻有关，也可能和你喜欢以自我为中心、心胸狭窄不善宽容有关。因此，通过认真反省，改变自己的思维方式和处事习惯，降低要求别人的尺度，学会理解和宽容忍让，是改掉坏脾气的根本途径。

办法二：体化转移法。怒气上来时，要克制自己不要对别人发作，同时通过使劲咬牙、握拳、击掌心等动作，使情绪转由动作宣泄出来。

办法三：离开现场法。发火多由特定的情景引起，因此当怒气上来时，培养自己养成条件反射般立即离开现场的习惯，暂时回避一下，待冷静下来再处理事情。

办法四：精神胜利法。一说到精神胜利法，大家可能自然而然地想到阿Q，并不屑为之。但偶尔精神胜利一下也未尝不可。相传某禅师偕弟子外出化缘，途中遇一恶人左右刁难，百般辱骂，禅师不搭理，该人竟穷追数里不肯罢休。禅师面无恼色，和弟子谈笑自如。恶人无奈，只得退后罢休。事后，弟子不解，问禅师："师傅你遭此不公平为何不生气，不反击？"师傅答道："若你路遇野狗朝你狂吠，你会放下身段与之对吠吗？弄不好惹它咬了你，难道你也去咬它？"禅师面对挑衅与侮辱的态度难道不是一种大智吗？

第九章
放下包袱做人

天下之乐无穷，而以适意为悦。

——苏辙（北宋文学家）

得之不喜，失之安悲？

一葛洪（东晋道教学者）

将得失看淡

人生的生气、抱怨、失控，十有八九与"得失"二字攸关。

为了得到那概率近似乎零的 500 万大奖，有银行职员累计挪用公款数千万打了水漂；为了抢回失去的恋人，有人不惜以身试法血刃情敌。他们内心只有一个声音："我要得到。"或者是："我舍不得。"

而实际上，生活当中的"得"与"失"都是相对而言的，每个人都必须辩证地去看待这个问题。"塞翁失马，焉知非福?"——这是令我们耳朵起了茧子的老话了，却仍有很多人看不透、舍不得。

曾经有这么一个发生在法国的偏僻小镇上的故事。

小镇上有一眼特别灵验的泉水，常有神奇的迹象出现，能够医治好很多种疾病。

有一天，一个失去了一条腿的退伍军人拄着拐杖，一跛一跛地走过镇上的马路。小镇上有人用同情的口吻说："可怜的家伙，难道他来这里是要向上帝祈求再有一条腿吗?"

这话被退伍军人听到了。他转过身对那些人说："我并非是要向上帝祈求有一条新腿，而是要他帮助我，让我在失去一条腿后，知道如何去面对眼前的生活。"

得到固然是令人感到欣喜的，然而一旦失去也并不可怕。为所得到的感恩，也接纳失去的事实。能够做到正确的取舍，知道自己真正想要的是什么，并获取它，那才是完美的事情。当人们失败的时候，可能会有一件令人意想不到的收获出现。芳心虽然容易憔悴，然而灵魂却仍然坚强。

　　俗话说得好：有得必有失，有失必有得，不得不失，不失不得。有时，你可能为一时的不如意而恨天怨地，可是，在你失去的同时，记得转过头来，看看你同时得到了些什么。上天的分派必然是公平公正的，在你失掉财富、权力、爱情等的同时，你也得到了人生的感悟，明白了生命的真正意义，你能说，这不是一种收获吗？

　　与此相反，你青春得意，拥有财富、权势、爱情、事业、前途……一直一帆风顺，你自己也扬眉吐气，自以为是王者风范时，你同样失去了些什么？你目中容不下别人，就不会有朋友；高高在上，就不会有同伴；有钱且有势，爱情就可能是苍白的……在如此的情况下，你能说你是幸福的吗？你能说你拥有了全世界？

　　在人生的路上就是这样的，需要我们看重的应该是人的德行修养和德才培养，而并不是一时一事的得与失。要做到："不以物喜，不以己悲。"千万不要把得失建立在情感取向上。那么，怎样才能及时地调整好心态，正确地看待得失，重新鼓起向前奋进的勇气呢？这里面隐藏着一个不断修正人生追求目标的问题。

　　首先，就是要能够辩证地去看待得失。保持几分心理平衡，其最重要的一点就是要用辩证的思维方式，正确地看待人生的得与失。其次，要提高自身认识以求平衡。不断地调整失衡心态，通过对"付出"与"回报"的价值比较，来寻求一种恬淡的心理平衡。最后，是要对追求目标做一个正确而又必然的修正。一个人带着梦想走到这个世界上，所追求的必然是多元化的，如果因某些原定目标过高，而一时难以达到时，就应当审视一下自己的个人能力、人生机遇等条件，适时地去修正一下自己人生的追求目标。

　　老子有云："祸兮，福之所倚，福兮，祸之所伏。"轻易就得到不一定就是好事，然而失去了也不一定就是坏事，我们要正确地看待个人的得失，不患得患失，才能真正有所得。我们不应该为表面的得到而沾沾自喜，认识人，认识事物，都应该要认识到它的根本，得也应该得到真的东西，千万不要为虚假的东西所迷惑。失去固然可惜，但是也要看一看失去的是什么，如果是由于自身的缺点、问题所造成的，那么，这样的失又有什么可值得惋惜的呢？

人世间的一切并不是我们所能够掌控的，生命也是一样，所以，得与失本身不重要。生活在这个世上，几乎没有人能从生下来到走完一生，都在衣食无忧和万事如意中度过。每个人都必然要面对生命历程中不断出现的困难。这些困难就是我们所说的"得"与"失"。既然谁也免不了有得有失，那么我们就需要有一个面对得失时的心态。

因此，得意忘形、骄奢淫逸、惊恐万状、惶恐沮丧之类的处世态度，是那些心理状态不成熟人的专利；而当我们做到了"不以物喜，不以己悲，宠辱不惊，临危不惧，胸有成竹，心如止水"，又怎会轻易生气、抱怨或失控？

把名利看穿

洪应明在《菜根谭》中这样说："能忍受吃粗茶淡饭的人，他们的操守多半都像冰一样清纯，玉一样洁白；而讲究穿华美衣服的人，他们多半都甘愿露出卑躬屈膝的奴才面孔。因为一个人的志气要在清心寡欲的状态下才能表现出来，而一个人的节操都是在贪图物质享受中丧失殆尽。"

商业社会，要真正做到完全脱离物质而一味追求人格高尚纯洁确实很难。但只要有了人格追求，起码可以活得轻松潇洒些，不为物质所累，更不会为一次晋级、一次涨薪而闹得不可开交。既不会因此而心中闷闷不乐，郁郁寡欢；也不会为功名利禄而趋炎附势，出卖灵魂，丧失人格。现实生活中，每个人都可能有一两次这样的经验和体会，当你放弃利益，保住人格时，那种欣喜愉悦是发自肺腑的，淋漓尽致的。一个坦坦荡荡、人格纯洁的人，他的心是宁静安逸的，而蝇营狗苟的小人，其心境永远是风雨飘摇的。

大凡贪图物质享受的人，他们的物质生活往往容易陷于糜烂，而精神生活却空虚不堪，同时也不会有高尚的品德，因此他们为了能得到更高层次的享受，就不惜用任何手段去钻营名利，甚至于摆出一副卑躬屈膝的态度也在所不惜。为人处世，如果不本着"君子爱财，取之有道"的原则而过分追求生活享受，不但会做出损人利己的举动，还会触犯刑律惹出滔天大祸。

世界给予人们的种种诱惑，会使人有许多欲望和野心。这些欲望和野心往往使人执迷不悟，一心只想夺取和获得，从而产生许多牵挂、忧虑、顾忌，心中负荷很重。一些先哲为了给世人排解烦恼和痛苦，提出了各种各样的忠告，大意是讲人要获得真正的人生，就要大彻大悟，无欲望，无念头，化万念为无念，不被名利牵着鼻子走，这样才能放松自己的身心，永远快乐。可是这种高层次的境界，不但没有被人们所接受，反而被说成是心灰意冷，不求上进。有的人还就这个问题大发感慨："什么无欲无求，全是那些文人吃饱了没事干，撑得慌；什么欲望和念头都不要了，那么人到世上来干什么？饭也不要吃了，觉也别睡了，学习、工作和结婚生子都没有必要了，还不如死了算啦！"这种感慨实际上是没有真正领悟到先哲们大彻大悟的精髓，只是望文生义，是一种狭隘的心态。

法国作家大仲马有一句名言："人的脑袋是一座最坏的监狱。"落后的传统的思想观念、生活方式和旧的思维方式，一旦在一个人的头脑里形成，就很难摆脱而形成思维障碍。

应该说名利并不完全是坏东西，那也是人们的正常欲望，每个人都想生活得更舒适、更轻松，所以，对名利的追求是可以理解的，完全用不着遮遮掩掩，羞羞答答。

这种正常的欲望引导得好，个人的自制力和秉性较高，还能激发人们的创造热情，激励人们奋发向上，积极作出贡献，从而推动整个社会的进步。假如一个人对一切都满足了，对任何新鲜美好的事物都无动于衷，什么事也激发不起他的热情，更不用提为之行动了。如果人人都处于一种无欲无求的境地，一天到晚什么事也不做，那么社会就会停滞不前，陷入瘫痪状态。但一个人名利思想过重，利欲熏心，为了名利不择手段，甚至损害他人的利益，名利就会反过来束缚自己，使人动弹不得，心境浮躁，成了地道的囚徒或奴隶。

这里所说的淡泊名利，并不是什么都不干了，连吃饭睡觉都免了，而是强调在做事时的一种心态。要正确看待名利带给人的影响和了解自己内心真正的愿望，无论是从政、经商，或者是搞学问、艺术，都要把眼前的每一件事情做好，做得漂漂亮亮，有益于人民，有益于社会。把眼光放到整个社会利益的角度上，从狭隘的自我享受中解脱出来。

静守心灵家园

有一位永秀法师，醉心于吹笛，不管白天黑夜，他只知吹笛子，虽然极其贫困，但他从不向人乞求帮助。

他有一个很富有的朋友叫赖清。赖清知道他的穷困后，就派人传话说："为什么不对我说呢？你处于如此困境，我会帮助你的。"

永秀听了，回复传话的人说："这真叫人感到惶恐，有件事我一直想开口，因生活困顿，心里有忌惮，没敢冒昧地提出来。既然赖清这样说，我马上就找他当面请求。"

赖清听了回话后心想：他到底会开口恳请什么事呢？如果要些钱财倒也没什么，但若提出让人难堪的要求就讨厌了。

日落时分，永秀来到了赖清住处。

赖清请他进来，坐定后问永秀：

"有什么事要我帮忙吗？"

"前些日子里有些事想请求你帮助，都忍着没敢开口；先前听到你的话，才斗胆前来。"

赖清听到这儿，心想：这下你总该挑明真相了吧。但令他意想不到的是，永秀竟说："你在筑紫有大片领地，我能不能向你请求要一枝长在筑紫的汉竹，我好用它做一支笛子？我是多么渴望得到这种笛子啊！因为家境贫寒，就只能在心里日日企盼。"

"这太简单了，我马上派人砍来给你就是了，你就不想再求点儿别的什么了？你的生活很艰难吧？生活上有什么困难也可以说呀。"

永秀说道："太感谢了，但这类事不敢烦劳你。朝夕食物，我自会解决。"

就这样，永秀吹笛的技艺日益精湛，成为一代吹笛名手。

人生之中，有各色繁华、诱惑。有人汲汲求取，为之终日奔波；有人却顺其自然，静守自己的心灵家园。

我们的冲动，常常会反复振荡浮躁、得意、狂喜、傲慢、迷茫、不安、沮丧、焦虑、恐惧甚至绝望的液体而结成的结晶，想是因为当我们还是一张白纸时，被灌输了狭隘的价值观和急功近利的思想导向。

古今中外，真正的大师、智者，都是那些以平常心之缰绳牢牢地驾驭名利、得失心这匹烈马的人。正所谓"像一个凡人那样活着，像一个诗人那样体味，像一个哲人那样思考"。

平淡之中，自有真味。一个顺其自然、远离浮躁之人，不会让得失焰、名利火来灼伤自己。

随遇而安的心态

在很久以前，有一个寺院，里面住着一老一小两位和尚。

有一天老和尚给小和尚一些花种，让他种在自己的院子里，小和尚拿着花种正往院子里走去，突然被门槛绊了一下，摔了一跤。手中的花种洒了满地。这时方丈在屋中说道"随遇"。小和尚看到花种洒了，连忙要去扫。等他把扫帚拿来正要扫的时候，突然天空中刮起了一阵大风，把散在地上的花种吹得满院都是，方丈这个时候又说了一句"随缘"。

小和尚一看这下可怎么办呢？师傅交代的事情，因为自己不小心给耽搁了，连忙努力地去扫院子里的花种，这时天上下起了瓢泼大雨，小和尚连忙跑回了屋内，哭着说，因为自己的不小心把花种全洒了，然而老方丈微笑着说道"随安"。冬去春来，一天清晨，小和尚突然发现院子里开满了各种各样的鲜花，他蹦蹦跳跳地去告诉师傅，老方丈这时说道"随喜"。

实际上对于随遇、随缘、随安、随喜这四个随，可以说就是人一生中的缩影，在遇到不同的事情，不同的情况的时候，我们最需要具备的心态就是"随遇而安"的心态。

随遇而安，看起来似乎有点儿消极，然而却实在是非常客观的。比如你参军来到了连队，你"志当存高远"地瞄着将军，但肯定是要从班长、排长干起，再慢慢进步。在你担任连长时，纵然有了将军的素质和才干，但在战役之中，将军发布命令进攻，你也只能冲锋陷阵，哪怕你认为应该撤退。那是因为第一没有人听你的，第二你自己也要服从你面前的将军。

在"非典"流行的那段时间里，有很多社区都被封闭隔离起来，这让许多人不得不停止忙碌，放慢速度。看似强制的封闭，却让有些人品尝到了生活的乐趣——当不得不从所谓的事业中抽身时，由于闲暇，由于心灵的放松，人们可以按自己喜欢的方式来安排自己的生活，随遇而安，享受生活之中难得的自由时刻，也就体味着符合自然本性的温馨。

我们应当建立起一种"随遇而安"的生活哲学，理性地体会人与人之间的自然需求，顺其自然地享受快乐的生活。这样，我们也能容许自身的内心有一个安宁而平静的港湾，来停泊暂避暴风雨的生命之舟。

现实生活中，人们通常情况下都为名所驱，为利所役，为情所困，活得非常的苦、非常的累，那么也就更难保持住平淡谦和的心境了！因此，树立起达观思想、乐观生活的随遇而安观念非常有必要。随遇而安并不等同于传统意义上的知足常乐，它包含了更为博大精深的哲学意义，是人与自然、社会和谐共处的切入点，更确切一点来说，随遇而安是一种泰山崩于前而色不变的大气魄，是以不变应万变之人生中的大智慧，是顺应天地人合之境界的大谋略。

儒释道三家文化在我国源远流长，对国人的影响更是无与伦比。佛家讲究因果报应，儒家主张中庸处世，道家则强调清静无为，这三者看似风马牛不相及，但如果细细品味，就会感觉到三家的教义中无不隐含着随遇而安的观点。

有其因必有其果，有其果必有其因。冥冥之中，轮回之间，众生无我，苦乐随缘，既然一切事物都有其既定的数目，那么随遇而安难道不是最明智的选择吗？

北宋哲学家程颐对中庸处世的解释为：不偏之谓中，不易之谓庸。儒家的处世有出世、入世之分，用一句话概括起来就是：达则兼济天下，穷则独善其身。对于个人价值则是捆绑于社会这样一个大环境之中，中庸之道与随遇而安观念不谋而合。

对于道家处世，始终坚持修身养性，与世无争，致力于玄学的研究，自然就摆脱了世俗之羁绊，自然而然地选择了随遇而安的处世哲学。

具体到大千世界之中的漫漫人生，如果我们没有一点儿防腐拒变的能力，没有视金钱如粪土的卓识，那么又何必去痴迷于职位的升迁、金钱的积累呢？只要我们履行公民应尽的义务，恪守公民应遵守的道德规范，遇事不骄不馁，以平常心处之，真正做到"世事洞明莫玩世，人情练达应助人"，即使我们身微言轻，无力施展济世泽民的宏图，那么也就自然能够做到问心无愧，随遇而安了！

曾经的先哲告诫我们："富贵不能淫，贫贱不能移。"别让利欲蒙蔽我们的美好心灵，也别让声色迷惑我们的明眸，当我们处在患得患失的时候，就想一想卢梭的那句名言吧：人来到这个世上是自由的，却无所不在枷锁之中。也许，在这转念间，我们的生活自然就会因此而步入一片坦途，顿时能够悟出随遇而安的妙处。

一个随遇而安的人，有什么能扰乱他的心智，让他抓狂，让他冲动？

遇事不要太在意

一个将军百战成名，九死一生。战事平息之后，他闲时爱上养金鱼。一天早晨，他发现自己最喜欢的金鱼死了。他非常懊恼，冲动地将鱼缸砸了，还把身边的下人痛骂个遍。冲动过后，他冷静一想：为什么自己在沙场上能够坦然地面对生死，而今天却为了小小的一尾金鱼大发雷霆？想了一会儿，他终于明白了其中的道理：原来自己太在乎这尾金鱼了。因为太在乎，所以被它操纵了。

有一对年轻的夫妇，在吃饭闲谈的时候，妻子一不小心冒出一句不太顺耳的话来。不料，丈夫死死抓住这句话深入分析，于是心中不快，便与妻子争吵起来，直至最后掀翻了饭桌，拂袖而去。

在平时的生活中，有些人总是把小事情看得过于重要。一个个优秀学子会为自己一次偶然的考试失利而失声痛哭；大人会因为孩子不经意间冒出一句从外面学来的脏话而声色俱厉……其实，对这些小事我们本来不必太过烦恼。一切只是因为我们自己太在意。

这些来自平常的小事，在我们的生活中并不少见，很多事情通常是人为地给自己心灵加压造成的。比如太在意领导的一句批评，太在意孩子的一句无心之语，太在意爱人的一次赌气，细细想来，当然是以小失大，得不偿失的。我们不得不说，他们实在有点儿小心眼，太在意身边那些琐事了。其实，许多人的冲动，并非是由多大的事情引起的，而只是对身边的一些琐事过分在意、计较和"较真"。

比如，有一些人对周围所发生的一切相当敏感，而且还经常曲解和夸大外来的各种信息，对别人所说的每句话都要细细地琢磨，对自己的得失耿耿于怀，而对于别人的过错更是加倍抱怨。这种人其实是在用一种狭隘、幼稚的认知方式，为自己营造着心灵监狱，可谓是十足的自寻烦恼。他们不仅使自己活得非常的累，同时也使周围的人活得很无奈。

台湾的一位老人陈椿曾有一句话说得极其微妙："同样是一件事，想通了是天堂，如果想不通就是地狱。既然活着，就要活好。"有些事是否会引来麻烦与烦恼，完全取决于每个人如何看待与处理它们。正所谓事在人为，认识不同，结果也就自然会大相径庭。所以美国的心理学家藏维·伯恩斯提出了消除烦恼的"认可疗法"：就是通过改变人们对于事物的认识方式和反应方式，从而避免烦恼与疾病。所有的这一切都需要我们首先要学会不在意，学会换一种思维方式来面对眼前所发生的一切。

所谓的不在意，就是别总拿什么事都当回事，对于很小的事情千万不要去钻牛角尖，别太要面子，别事事"较真"、小心眼；别把那些微不足道的鸡毛蒜皮的小事全都放在心上；别过于看重名与利的得失；别为一丁点儿的小事情而着急上火，惊天动地似的大喊大叫，以至因小失大，后悔莫及；别那么多疑敏感，总是曲解别人的意思；别夸大事实，制造假想敌；别把与你爱人说话的异性都打入"第三者"之列而暗暗仇视之；同时我们也不要像林黛玉那样见花落泪、听曲伤心、多愁善感，总是一副顾影自怜的样子。要知道，人活着有些时候真的需要一点点傻。

一个遇事不在意的人，是超越自我的人，也是活得潇洒的人。因为没有了琐事的羁绊，也就会使身心获得解放。

不在意，也是为自己设置了一道心理保护防线。不要去主动地制造一些烦恼的信息来进行自我刺激，即使在面对一些真正的负面信息、不愉快的事情的时候，也要努力地做到处之泰然，置若罔闻，不屑一顾，真正地做到"身稳如山岳，心静似止水。任凭风浪起，稳坐钓鱼台"的境界。

这不仅是自我保护的一种巧妙的方法，同时也是一种坚守目标、排除干扰的良策。

当然"不在意"最终所体现的是一种人格上的修养，是一种极其高贵的人格修养，同时也是一种人生的大智慧。那些凡事都与人计较、锱铢必争的人，自以为很聪明，其实是以小聪明干大蠢事，占小便宜，争大烦恼。而不在意，乃是不争之争，无为之为，大智若愚，其乐无穷！

然而，不在意并不等于逃避人类社会现实，不是麻木不仁，也不是看破红尘后的精神颓废与消极遁世，不是对什么都冷若冰霜、无动于衷的加缪笔下的"局外人"。而是一种在奔往人生大目标路途中所采取的一种洒脱、豁达、飘逸的生活策略。人生当中所出现的事实在太多，但却不事事能烦心。透视烦事，忘却不幸，藐视挫折。凡事记起，重何以堪？我们一定要记住，睁开两眼历历在目，闭上双眸空无一物。要做到提得起放得下！如果能做到如此，你就自然会拥有一个幸福美好的人生。

每个人都希望自己的每一天都能够过得开开心心、顺顺利利，可是既然是生活，就总会有那么一些小波澜、小浪花。在种种情况下，斤斤计较会让自己的日子阴暗乏味，豁达胸襟却能让每天的生活充满阳光。

找个装"多余"的兜

人的一生会拥有无数的东西，亲情、爱情、友情……当我们承载得太多时，不妨找一个装"多余"的衣兜，把那些暂时无法承载的装进去，让自己轻松地继续前行。

丈夫过而立之年的生日那天，她精心为他做了一顿饭。一顿饭对别人来说也许算不了什么，但对于很久不曾下厨房的她来说，看着自己花费整整一个下午的宝贵时间精心做出来的"作品"，连自己都感动了。

烛光下，守着自己的杰作，想象着他回来时的兴奋表情。

六点钟的时候，他回来了，只看了一眼她为他精心策划的"作品"，露出了一丝疲惫的微笑，就忙着接电话去了。她甜蜜的感觉立时大打折扣，整个晚上的心情就像昏暗的烛光，再也亮不起来了。

心情不好的时候，她总是上街购物。第二天是周日，她把丈夫扔在家，自己和女友逛街去了。

她们挽着手臂，不放过任何一家时装店。她买了好多衣服，可她的朋友一样也没买。朋友想买一条带兜的裙子。可是她们从头逛到尾也没找到合适的。

她有些不解地问："为什么一定要带兜的裙子呢，那个小兜兜什么也放不下呀。"

"但是可以放手啊！你不觉得有些时候手是多余的吗?"朋友一边说一边把放在衣兜里的手拿出来又放进去，重复着给她看。

生命中很重要的可以擎起很多重量的手现在竟成了多余的！还有一些时候，我们也感觉到了自己的手多余。当我们站在众人面前讲话，或者在路旁遇到熟人寒暄，或者和心爱的人依偎漫步，我们真的感觉到有一只手是多余的，无处安放。于是，小时候用来装糖果、玩具的衣兜现在用来放手了。

就在这一瞬间她突然明白：原来我们一直以为很重要的东西在有些时候也会显得微不足道，甚至感到多余！就如同多余的手一样，只有你自己知道是多余的，而这样的多余其实也是人生的一个部分，因为你无法预料它何时为珍贵，何时为多余，只要你能够找一个地方安放，你就能自我安慰、自我鼓励。

人生不能没有凝重，也不会总是轻松，但如果没有看起来暂时是多余的，便构不成完整的人生。

就像爱，还有由爱带来的快乐和痛苦，幸福和悲伤。

爱固然很重要，但是不应该重要到可以毫无缘由地让别人来全部承受，这样的承受会让人感觉到爱是如此沉重。快乐与痛苦，幸福与悲伤，都是你自己的，你的心境、你的感受、你的想象不可能完整地与人分享，能够分享的也只是其中的一部分，多出来的部分你要找一个心灵的衣兜，暂时安放、收藏。这是对他人的善待，也是对自己的善待。

清洁自己的心灵

家乡有年前大扫除的风俗，在将平时的物件逐一清理时，我们常常惊讶自己在过去短短几年内，竟然积累了那么多的东西？

人心又何尝不是如此！在人的心中，每个人不都是在不断地累积东西？这些东西包括你的名誉、地位、财富、亲情、人际、健康、知识等。当然也包括了烦恼、郁闷、挫折、沮丧、压力等。这些东西，有的早该丢弃而未丢弃，有的则是早该储存而未储存。心灵如舟，载不动太多的东西。否则，舟覆了，人迷失了，做出一些不该做的事。

不妨问自己一个问题：我是不是每天忙忙碌碌，把自己弄得疲惫不堪，以至于总是没能好好静下来，替自己的心灵做清扫？

对那些会拖累自己的东西，必须立刻放弃——这是心灵大扫除的意义，就好像是生意人的"盘点库存"。你总要了解仓库里还有什么，某些货物如果不能限期销售出去，最后很可能会因积压过多拖垮你的生意。

很多人都喜欢房子清扫过后焕然一新的感觉。你在擦拭掉门窗上的尘埃与地面上的污垢，让一切整理井然之后，整个人就好像突然得到一种释放。这是一种"成就感"，虽然它很小，但能给人带来愉悦。

在人生诸多关口上，人们几乎随时随地都得做"清扫"。念书、出国、就业、结婚、离婚、生子、换工作、退休……每一次转折，都迫使我们不得不"丢掉旧的你，接纳新的你"，把自己重新"打扫一遍"。